CONOCE TODO SOBRE INGENIERÍA DEL SONIDO

Sistemas de sonido en directo

CONOCE TODO SOBRE INGENIERÍA DEL SONIDO

Sistemas de sonido en directo

Daniel López Feo

Ingeniero Técnico de Telecomunicaciones

Esp. Sonido e Imagen

STARBOOK

La ley prohíbe
fotocopiar este libro

Editado por:
Starbook Editorial
Madrid, España

Colección American Book Group - Ingeniería y Tecnología - Volumen 13.
ISBN No. 978-168-165-779-0
Biblioteca del Congreso de los Estados Unidos de América: Número de control 2019935286
www.americanbookgroup.com/publishing.php

Autoedición : Autor
Arte: Montypeter / Freepik

A mis padres, Pepe y María José.
A ellos les debo todo y más.

ÍNDICE

INTRODUCCIÓN
....

En este escrito se exponen todos los aspectos, tanto teóricos como prácticos, del sonido en directo. Más propiamente dicho, se documenta al lector sobre cada uno de los elementos que forman parte de cualquier sistema de refuerzo sonoro cuyo fin sea la reproducción de una fuente sonora hacia un público determinado. Se detalla la forma de configurar un sistema de refuerzo sonoro dependiendo de las diferentes condiciones en las que se encuentre, partiendo de una base teórica. A parte de navegar por todo el océano del sonido en directo, se hace especial énfasis en una novedosa configuración de altavoces muy utilizada en cualquier gran evento de gran dimensión, llamada "line array".

En una primera parte, se realiza un estudio de los fenómenos físicos asociados a la propagación del sonido y su comportamiento ante diferentes tipos de obstáculos. También se analiza la influencia del medio ambiente (viento, temperatura, ruido) en la onda sonora y las características acústicas de los diferentes tipos de recintos, abiertos y cerrados, para una sonorización en directo.

Seguidamente y como punto de partida, se exponen los objetivos del sistema de refuerzo sonoro, pasando primero por una reseña histórica de la evolución y los avances de los sistemas de sonido en vivo desde sus inicios hasta su situación actual.

A continuación, se profundiza en el sistema de refuerzo sonoro, deteniéndose en los diferentes subsistemas de los que se compone. Éstos no son totalmente independientes entre sí, pero sí están formados por diferentes elementos con finalidades y características distintas. Los distintos subsistemas son el sistema de PA, el sistema de monitorado, el control FOH y el escenario. En cada subsistema se nombran las consideraciones electroacústicas a tener en cuenta, la disposición de éstos en el emplazamiento y su conexionado, así como algunos ejemplos de dispositivos disponibles actualmente en el mercado.

Una vez comprendido en un contexto general la composición y disposición del sistema de refuerzo sonoro, se hace especial atención en determinados elementos que componen el sistema. Las cualidades de éstos determinarán, en gran parte, la calidad del sonido del sistema, ya que la otra parte del resultado final depende de las habilidades y conocimientos del ingeniero de sonido. Estos elementos son las etapas de potencia, los cables y conectores y los micrófonos. También destacaremos algunos elementos que se encuentran en el escenario y que no se nombran en los subsistemas pero que no dejan de ser importantes para la realización de un buen sistema de refuerzo sonoro.

Como punto principal del libro se descubre los secretos de la última tecnología en lo que a formación de cajas acústicas se refiere, el line array o arreglo lineal. Es una de las partes más importantes de un sistema de refuerzo sonoro para grandes extensiones que necesiten altos niveles de presión lo más uniformes posible. Posee una configuración especial y muy específica, totalmente diferente al resto de agrupaciones de altavoces, cuya explicación requiere ciertos conocimientos de los campos de la acústica y la electroacústica, los cuales se exponen al principio del capítulo 6. A continuación, se explica el diseño de un arreglo lineal, destacando sus especiales características, que hacen que esta agrupación en línea de altavoces pueda dar un nivel de presión sonora mayor y una cobertura mejor que cualquier otra agrupación de altavoces. Una vez entendido el funcionamiento del line array, se dan a conocer los diferentes tipos de line array que han sacado las marcas más importantes en este sector y las modificaciones y mejoras que han aportado cada una de ellas.

Para terminar, se hace un breve repaso por los diferentes softwares que podemos encontrar en el mercado, en lo que a sonorización se refiere, dando a conocer al lector las diferentes prestaciones que éstos pueden ofrecernos para una mejora del diseño y prestaciones de nuestro sistema de refuerzo sonoro.

Capítulo 1

CONCEPTOS ASOCIADOS AL SONIDO EN DIRECTO
....

1.1 EL SONIDO

Según la Real Academia de la Lengua Española, el sonido es *"la sensación producida en el órgano del oído por el movimiento vibratorio de los cuerpos, transmitido por un medio elástico, como el aire"*. En un contexto más científico, se puede definir al sonido como el fenómeno producido por ondas sonoras longitudinales generadas por el movimiento vibratorio de un cuerpo, que se propagan por un medio elástico y que son captadas por un receptor (oído humano, sonómetro, etc.). No todas las ondas sonoras pueden ser captadas por el oído humano, sólo las que comprenden el rango de frecuencia de 20Hz a 20KHz, que es el llamado rango audible. Las ondas sonoras cuya frecuencia supera dicho rango se llaman ondas ultrasónicas y las que su frecuencia está por debajo, infrasónicas.

Una onda sonora es una variación local de la densidad o presión (P) de un medio continuo en función del tiempo (T). Dicha onda realiza un movimiento ondulatorio, y como tal, viene definida por los siguientes parámetros físicos: longitud de onda (λ), frecuencia (f), velocidad (c), período (T) y amplitud (A).

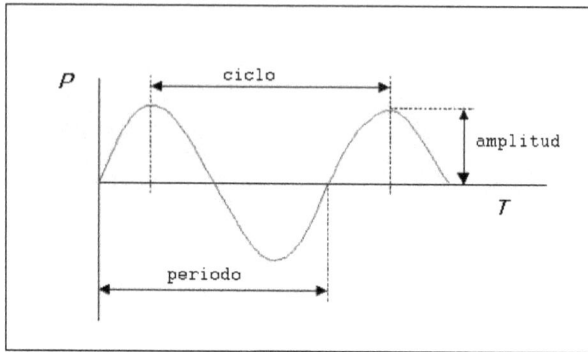

Figura 1.1 Onda acústica

Período (T): es el tiempo que tarda en producirse un ciclo completo de la onda sonora. Su unidad es el segundo (seg).

Frecuencia (f): es el número de ciclos que se realizan por segundo. Por tanto es la inversa del período. Se mide en Hz.

$$f=1/T$$

Velocidad (c): es la velocidad a la que se propaga la onda acústica en un medio elástico, y sólo dependerá de las características de éste. Se mide en metros/segundo (m/s).

Longitud de onda (λ): es la distancia entre puntos análogos en dos ondas sucesivas. Se mide en metros (m). La longitud de onda está relacionada con la velocidad del sonido, frecuencia y período, por la expresión:

$$\lambda = c/f$$

El sonido en pocas ocasiones está formado por una sola onda acústica, es decir, por una sola frecuencia, sino todo lo contrario. Así, a parte de las características de una onda sonora, el sonido posee una serie de propiedades y cualidades, unas medibles y otras no, que lo definen. Son el tono, la intensidad, la altura, la duración y el timbre.

El tono viene determinado por la frecuencia fundamental de las ondas sonoras (es lo que permite distinguir entre sonidos graves, agudos o medios) medida en ciclos por segundo o hercios (Hz).

La intensidad es la cantidad de energía acústica que contiene un sonido. La intensidad viene determinada por la potencia, que a su vez está determinada por la amplitud y nos permite distinguir si el sonido es fuerte o débil.

El decibelio es una unidad relativa que expresa la relación entre dos magnitudes en una escala logarítmica. Esta unidad tiene su principal utilidad en el campo de la acústica, aunque no es el único. Dentro de la acústica también hay diferentes aplicaciones, ya que se utiliza para medir varios parámetros. El principal es el nivel de presión sonora de una onda sonora, que puede ser representado como Lp o como SPL *Sound Pressure Level*.

$$Lp = 20 \times log\ (P/P0)$$

Siendo P la presión sonora de una onda acústica y P0, la presión del umbral de audición, medidas en pascales (Pa). P0=20x10-6. Por lo tanto, Lp=0dB es el umbral de audición medido en decibelios. Existe también un límite superior llamado umbral del dolor que se sitúa en Lp=140dB.

La altura es una cualidad del sonido que viene determinada por la percepción subjetiva de éste. Está determinada por la frecuencia fundamental de las ondas sonoras y es lo que permite distinguir entre sonidos graves, agudos o medios.

La duración es una cualidad del sonido que determina el tiempo de vibración de un objeto, es decir, el tiempo de escucha de un sonido desde su emisión hasta su extinción.

El timbre es la cualidad que confieren los armónicos de un sonido a su frecuencia fundamental. Los armónicos son el conjunto de frecuencias más débiles que acompañan a la frecuencia fundamental al tocar una nota de un instrumento. Son dependientes de cada instrumento y sus características. Por lo tanto, el timbre nos hace distinguir a los instrumentos a pesar de que estén tocando la misma nota e incluso, determina la calidad del instrumento.

1.2 FENÓMENOS ASOCIADOS A LA PROPAGACIÓN DEL SONIDO

En la configuración de un sistema de refuerzo sonoro en directo, antes de tomar cualquier tipo de decisión, es primordial observar el lugar en el que se va a realizar la actuación, si es al aire libre o si es en una sala, si va asistir mucho o poco público o si hay mucha o poca humedad, etc. El entorno que nos rodea influirá de modo directo en la calidad final del sonido y en la disposición del equipo que vayamos a utilizar. Por ello es necesario estudiar primero una serie de fenómenos o factores asociados a la propagación del sonido para, así, poder actuar correctamente en consecuencia e incluso beneficiarnos de alguna situación y que nuestro sonido cumpla las expectativas esperadas.

En primer lugar es importante conocer los diferentes comportamientos que podrán manifestarse en la propagación de la onda sonora según la variación de algunos factores como las condiciones metereológicas o la estructura del lugar donde se realiza la actuación. Los fenómenos más destacados que surgen de la interacción del medio y la onda sonora son:

- Reflexión

- Refracción

- Difracción

- Absorción

- Eco y reverberación

1.2.1 Reflexión

Es el fenómeno que se produce cuando una onda incide con un objeto que no puede rodear ni traspasar, es decir, cuando la longitud de onda de la onda sonora es menor que el objeto. La reflexión produce que el ángulo de la onda reflejada sea igual al ángulo de la onda incidente si la superficie es plana. Si la superficie es rugosa se produce la reflexión difusa.

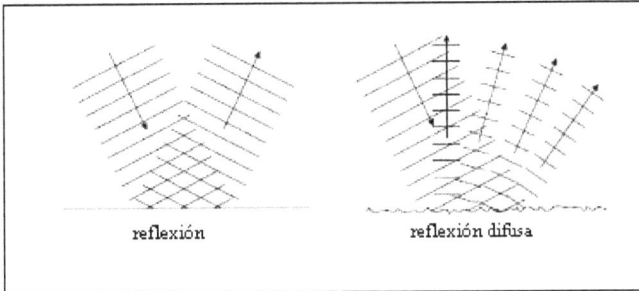

Figura 1. 2 Reflexión

1.2.2 Refracción

Es la desviación en la dirección de propagación que sufre una onda cuando pasa de un medio a otro diferente. A diferencia de lo que ocurre en el fenómeno de la reflexión, en la refracción, el ángulo de refracción ya no es igual al de incidencia debido a que al cambiar de medio, cambia la velocidad de propagación del sonido.

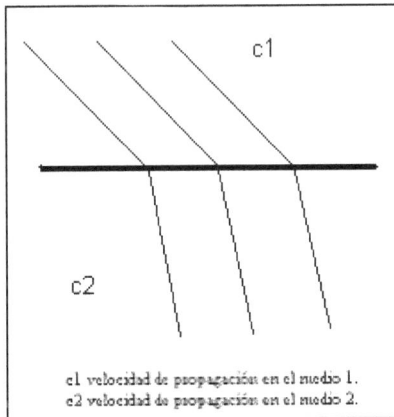

Figura 1.3 Refracción

1.2.3 Difracción

La difracción es el fenómeno físico que experimenta una onda al rodear un obstáculo o propagarse a través de una pequeña abertura. Su magnitud depende de la relación que existe entre la longitud de onda y el tamaño del obstáculo o abertura. Si una abertura (obstáculo) es grande en comparación con la longitud de onda, el efecto de la difracción es pequeño, y la onda se propaga en líneas rectas, de forma semejante a como lo hace un haz de partículas. Sin embargo, cuando el tamaño de la abertura (obstáculo) es comparable a la longitud de onda, los efectos de la difracción son grandes y la onda no se propaga simplemente en la dirección de los rayos rectilíneos, sino que se dispersa como si procediese de una fuente puntual localizada en la abertura.

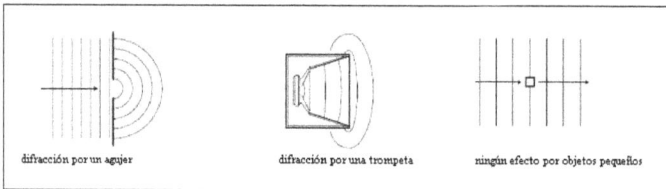

difracción por un agujer   difracción por una trompeta   ningún efecto por objetos pequeños

Figura 1.4 Difracción

1.2.4 Absorción

Si una onda choca con un objeto, será absorbida en mayor o menor medida según los materiales que compongan el objetivo. El factor de absorción dependerá de la frecuencia de la onda y describe el porcentaje de energía sonora que es absorbida por la superficie. El resto será reflejado o atravesará el objeto. Aquí, otra vez el tamaño del objeto es importante: un objeto absorbente de pequeño tamaño no eliminará frecuencias graves.

Superficie	125Hz	250Hz	500Hz	1KHz	2KHz	4KHz
Hormigón	1	1	1	1,5	2	2
Suelo de madera	15	11	10	7	6	7
Panel de madera	30	25	20	17	15	10
Panel de gomaespuma	17	27	63	91	100	100
Panel de fibra de vidrio	26	60	95	100	100	100

Tabla 1.1 Factores de absorsión

A parte de los fenómenos, antes mencionados, que puedan darse en una onda sonora, existen otra serie de fenómenos que se definen, no por la interacción de la onda y un objeto, sino por los diferentes parámetros acústicos que se modifican y que son resultado de esta interacción.

1.2.5 Reverberación y eco

La reverberación es el fenómeno producido, dentro de un recinto cerrado o semi-cerrado, por el conjunto de ondas sonoras que han sido reflejadas por los objetos (paredes) de dicho recinto. Éstas provocan que el sonido emitido por la fuente se alargue en el tiempo, dotándolo de diferentes cualidades. Este fenómeno es de suma importancia, ya que se produce en cualquier recinto en el que se propaga una onda sonora. El oyente no sólo percibe la onda directa, sino las sucesivas reflexiones que la misma produce en las distintas superficies del recinto. Controlando adecuadamente este efecto se contribuye a mejorar las condiciones acústicas de locales tales como teatros, salas de concierto y, en general, todo tipo de salas. La característica que define la reverberación de un local se denomina tiempo de reverberación. Se define como el tiempo que transcurre hasta que la intensidad del sonido queda reducida a una millonésima de su valor inicial.

El físico Wallace Clement Sabine desarrolló una fórmula para calcular el tiempo de reverberación (TR) de un recinto en el que el material absorbente está distribuido de forma uniforme. Consiste en relacionar el volumen de la sala (V), la superficie del recinto (A) y la absorción total (a) con el tiempo que tarda el sonido en disminuir 60dB en intensidad, a partir de que se apaga la fuente sonora.

$$TR = \frac{0,161V}{Aa}$$

El eco se produce cuando la diferencia entre el sonido directo que nos llega de una fuente sonora y el sonido reflejado es tal que percibimos repeticiones del sonido original en vez de un sonido más duradero en el tiempo. Es decir, que el tiempo que ha tardado la onda en llegar a un determinado objeto y volver al oyente es superior al tiempo de persistencia. El oído puede distinguir separadamente sensaciones sonoras que estén por encima del tiempo de persistencia, que es 0.1 seg para sonidos musicales y 0.07 seg para sonidos secos (palabra). Por tanto, si el oído capta un sonido directo y, después de los tiempos de persistencia especificados, capta el sonido reflejado, se apreciará el efecto del eco. Para que se produzca eco, la superficie reflectante debe estar separada del foco sonoro una determinada distancia: 17 m para sonidos musicales y 11.34 m para sonidos secos.

1.3 CONSIDERACIONES ACÚSTICAS

En una actuación en directo de cualquier tipo de música, teatro o conferencia es necesario conocer el tipo de recinto en el que se va a realizar, pues éste influenciará positiva o negativamente en la calidad del sonido final. Así pues, podemos dividir los tipos de recintos en dos grupos: recintos abiertos o al aire libre, y los recintos cerrados o salas, dentro de los cuales veremos las distintas consideraciones acústicas que hay que tener para un buen control de nuestro sonido final. Estas consideraciones acústicas dependerán de varios factores que son propios de cada recinto y de cada circunstancia ambiental.

1.3.1 Recintos abiertos o al aire libre

En un recinto abierto, al estar al aire libre, son las condiciones medioambientales o climatológicas las que más afectarán a la propagación y a la calidad del sonido. Este tipo de sucesos no son siempre predecibles pero sí es importante informarse de las condiciones climáticas de la zona donde se realizará la actuación para no obtener una mala fidelidad debido al efecto de uno de los fenómenos antes mencionados y poder tomar las medidas pertinentes. Los principales factores que debemos tener en cuenta en una actuación al aire libre son la humedad, la temperatura, el viento y el ruido ambiente. Aparte de estos factores, es básico conocer cómo se dispersa el sonido en un espacio abierto para poder entender los efectos de los fenómenos sobre éste.

1.3.1.1 VARIACIÓN DEL NIVEL DEBIDO A LA LEY INVERSA DE LOS CUADRADOS

Al transmitirse el sonido a través del aire, suponiendo una fuente puntual, la energía sonora se distribuye de forma esférica, por lo que al doblar la distancia, la superficie de la esfera se cuadriplica, por lo que la energía por unidad de superficie disminuye al aumentar la distancia. Esto significa que el sonido se hace más débil al alejarse de la fuente, exactamente se produce en una reducción de 6 dB al duplicar la distancia.

1.3.1.2 ATENUACIÓN DEBIDO A LA HUMEDAD

Si calculamos la pérdida de presión sonora a medida que nos alejamos de un altavoz mediante la ley inversa del cuadrado, es decir, 6dB menos por cada vez que duplicamos la distancia, llegaremos a un valor teórico que es válido a cortas distancias, pero no a largas distancias. Ello se debe a la absorción del aire. Esta absorción es mayor para el aire seco que cuando el ambiente está húmedo. Las curvas de la siguiente figura representan este fenómeno para una distancia de 30 m. Por otra parte, la absorción del aire varía también en función de la frecuencia. Es bien sabido que las frecuencias muy agudas desaparecen en seguida a largas distancias en exteriores. Por ello se presentan curvas para varias frecuencias.

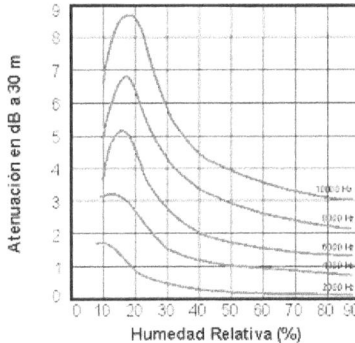

Figura 1.5 Atenuación por la humedad

1.3.1.3 EFECTOS DEBIDO A LA TEMPERATURA Y AL VIENTO

La velocidad del sonido no es una constante invariable sino que esta depende de la temperatura ambiental en la que el sonido se desplaza. Así pues, a una temperatura normal de 22° tenemos la velocidad del sonido que se suele utilizar en los cálculos, que son 343 m/s, pero esta velocidad viene dada por la fórmula:

$$c = 20,06\sqrt{(273 + C°)}$$

Al variar la velocidad del sonido con la temperatura, también varía su frecuencia y por tanto su longitud de onda según la fórmula $\lambda = c/f$, por lo que no se recomienda emplear filtros de banda muy estrecha en locales cerrados ya que en estos suele aumentar la temperatura y por tanto la frecuencia.

Los cambios de temperatura a diferentes alturas también producen efectos sobre el sonido. La refracción se produce cuando un sonido pasa de un medio a otro, como por ejemplo capas de aire de distintas temperaturas. Si una fuente sonora emite desde una superficie fría, pero a más altura la temperatura es más alta, se produce una acción parecida a una lente sobre las ondas sonoras y hace que el sonido se doble y vuelva de nuevo a la superficie mientras que en el caso contrario las ondas tenderán a subir.

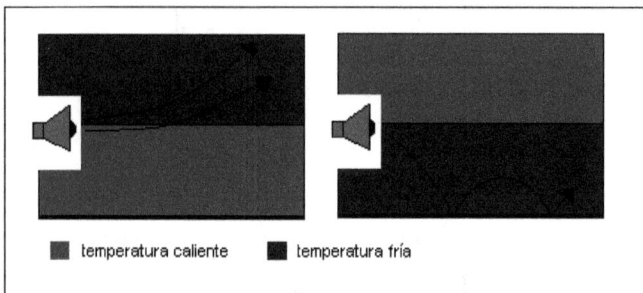

temperatura caliente   temperatura fría

Figura 1.6 Efecto de la temperatura

El viento es un elemento que produce diferentes efectos sobre el sonido en conciertos al aire libre. El viento, cuando sopla en contra de la dirección del sonido, produce gradientes de temperatura cerca del suelo que dan como resultado que el sonido se incline hacia arriba. Otro efecto diferente produce el viento si sopla en la misma dirección que el sonido que también producirá unos gradientes de temperatura en el suelo pero en este caso los gradientes tenderá a reflectar el sonido hacia abajo.

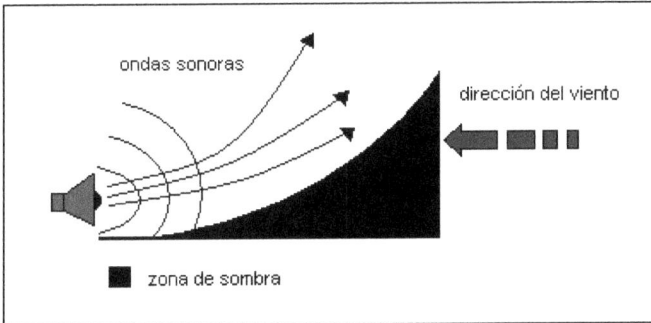

Figura 1.7 Efecto del viento

1.3.1.4 EFECTO DEL RUIDO AMBIENTE

Al realizar cualquier tipo de actuación en un sitio al aire libre, es muy probable que, aparte de los factores influyentes en el sonido antes mencionados, tengas diversas fuentes de ruido de cualquier tipo que afectarán al sonido que quieres reproducir. Una simple regla impone que cuando se produce una diferencia de +10 dB entre dos sonidos diferentes, el sonido del nivel más elevado da la sensación de tener un nivel muy superior al que realmente tiene, como aproximadamente el doble del nivel de 10 dB por debajo de él. A pesar de que el cálculo de intensidad sonora es más exacto que éste, la regla es útil para los sonidos de margen medio. Empleando esta regla se puede examinar una fuente de sonido que radia hemisféricamente debido a la presencia de la superficie del suelo. Al emitir la fuente sonora en campo abierto, a medida que el sonido se aleja de la fuente, la intensidad disminuye y el posible ruido exterior afectará y enmascarará más al sonido de nuestro sistema.

Si se coloca una estructura reflectante detrás de la fuente de sonido, consigues que las ondas sonoras que se dispersarían hacia atrás, en caso de no haber estructura reflectante, sean reflectadas hacia delante, por lo que se concentra la intensidad sonora en dicha dirección y se logra que la distancia en la cual el ruido de fondo afecte a la fuente sonora sea mayor.

Hay que tener en cuenta que el público hará un efecto de absorción de la intensidad, que se irá acentuando a medida que nos alejemos de la fuente. Con la presencia de una grada en frente de la fuente sonora en la que cada fila esté más arriba que la anterior, se conseguirá una mejora de la intensidad sonora en la zona del público y además disminuirá el ruido del público sobre el suelo.

Como aportación histórica, se sabe que los griegos, en el pasado, utilizaron este tipo de técnicas para mejorar el sonido en sus obras teatrales, y las aplicaron en la construcción de los primeros anfiteatros. Las técnicas que utilizaron los griegos fueron las siguientes:

1. Proporcionaban un reflector detrás del actor.

2. Aumentaban el nivel acústico del orador construyendo megáfonos en las máscaras especiales que sostenían delante de sus caras para expresar varias emociones.

3. Daban pendiente a los auditorios por encima y a los lados del orador en un ángulo de 120°, teniendo en cuenta que el hombre no habla por detrás.

4. Desenfocan los reflejos de sonido en el graderío variando el radio de los bordes de la zona de asientos.

Figura 1.8 Teatro griego de Epidauros

1.3.2 Recintos cerrados o salas

Las condiciones acústicas en un recinto cerrado cambian radicalmente comparado con los recintos abiertos. Al estar en un espacio cerrado las condiciones climatológicas no influyen, hay un límite de espectadores que pueden entrar dentro de la sala y el sonido no se expandirá hasta el infinito, sino que rebotará en los límites de la sala formando un ambiente acústico diferente, con lo cual tendremos que tener en cuenta aspectos diferentes a los de los recintos abiertos.

En los recintos cerrados, a parte del sonido directo que viene del sistema de refuerzo sonoro, también nos llegará energía sonora que se refleja en las paredes, en el techo o en cualquier estructura reflectante. Esta energía que se refleja viene a formar el campo reverberante, que se suma al campo directo obteniendo, así, mayor nivel de presión sonora, por lo que normalmente en espacios cerrados se utiliza menos potencia en el sistema. En un principio podemos llegar a pensar que la reverberación es buena y entre más mejor, pero nada más alejado de la realidad. Para ello veremos cómo las diferentes características de recinto y las distintas finalidades de uso nos determinarán la fidelidad del sonido.

Para conseguir el mejor ambiente acústico deseado en un recinto cerrado, hay que conocer las circunstancias que acompañan al recinto, es decir, cuál es el aislamiento acústico que posee el recinto y el tratamiento acústico que le vamos a proporcionar para obtener los resultados deseados.

1.3.2.1 AISLAMIENTO ACÚSTICO

En el caso de los recintos cerrados, los posibles ruidos ajenos a la actuación se combaten con un buen aislamiento acústico de la sala. Lo que se trata es de impedir que sonidos exteriores indeseados entren en el recinto.

El nivel de aislamiento necesario dependerá de la función que se le asigne al recinto. Los niveles de "ruido de fondo" admisibles no son iguales en un estudio de grabación, una biblioteca o una oficina. Un error en la determinación de estos valores puede provocar consecuencias negativas en los objetivos que se pretenden alcanzar, es decir, en el funcionamiento normal de dicho recinto.

Las medidas a tomar para alcanzar los niveles deseados de aislamiento dependerán de la ubicación física del recinto y de las condiciones de producción sonora a su alrededor. La elección de una buena ubicación física puede significar un ahorro en los costos de implementación de las medidas de aislamiento.

Esencialmente hay dos tipos de transmisión sonora que se deben evitar: las ondas sonoras que se transmiten por el aire (transmisión aérea) y las que se transmiten por la estructura de la edificación (transmisión estructural).

En general, la ley de la masa indica que sólo la masa aísla acústicamente. Es decir, ante situaciones críticas, se necesitarán paredes muy anchas y pesadas para lograr los objetivos deseados. También puede aprovecharse la disipación que se produce cuando una onda sonora cambia de medio, de manera que las paredes en forma de "sándwich" (compuestas por varias capas de materiales, incluso aire) suelen ser más eficientes que las de un solo material. En casos extremos deberá recurrirse a las dobles paredes, o lo que se conoce como el principio de la casa dentro de la casa.

En casos especiales la transmisión estructural podrá evitarse mediante la construcción de pisos y techos flotantes, que están unidos a las paredes sólo en unos pocos puntos, y mediante mecanismos diseñados para amortiguar especialmente la transmisión de la onda sonora.

1.3.2.2 TRATAMIENTO ACÚSTICO

El tratamiento acústico necesario para un recinto depende también de la función de dicho recinto. El tratamiento acústico tiene por objetivo general lograr una distribución uniforme del sonido dentro de un recinto. La distribución uniforme se refiere tanto a la intensidad como al rango de frecuencias de los sonidos. Las características del recinto determinarán la calidad del sonido y para ello debemos tener en cuenta diversos factores como la energía sonora, el timbre o la reverberación de la sala.

Las reflexiones del sonido en las superficies delimitantes contribuyen a aumentar la energía sonora que llega a un oyente ubicado dentro de un recinto. Pero dichas reflexiones modifican al mismo tiempo las características cualitativas del sonido.

En primer lugar porque los distintos materiales distribuidos por la superficie delimitante en los cuales se produce la reflexión tienen coeficientes de absorción (y, por consiguiente, de reflexión) distintos. Y en segundo lugar porque el coeficiente de absorción de un material es dependiente de la frecuencia, lo que implica que la mera reflexión de una onda sonora sobre un material dado producirá una modificación tímbrica, al afectar de diferente manera en cada frecuencia de ese sonido.

Por otra parte las diferencias temporales (o retardos) con que las distintas reflexiones llegan al oyente -producto de las diferentes distancias que deben recorrer las ondas- provocan otra modificación en las características sonoras a partir de lo que se conoce como reverberación.

Si dos señales (casi) idénticas llegan a nuestro oído con diferencias temporales (retardos) menores al tiempo de integración del oído (50 mseg como dato general, pero fuertemente dependiente de las características del sonido), entonces nuestro sistema auditivo no las identificará como dos señales independientes, sino que las integrará en una sola señal. En caso que el retardo sea mayor que el tiempo de integración del oído, se produce lo que conocemos como eco, que es muy molesto tanto para el público como para la banda, conferenciante, o cualquier persona que emita el sonido que queremos reforzar.

A lo largo de las últimas décadas se han hecho grandes esfuerzos para relacionar las preferencias subjetivas sobre la calidad acústica de una sala, con una serie de parámetros objetivos (medibles), y aunque en la actualidad nos encontramos lejos de conseguir una perfecta correspondencia entre las valoraciones objetivas y subjetivas, el progreso en este sentido es notorio.

Por otra parte, el margen de los valores recomendados para cada parámetro no se ha establecido como fruto de profundos estudios matemáticos, sino que se ha fijado siguiendo un proceso totalmente empírico. Tal proceso ha consistido en analizar un gran número de salas de conciertos y en determinar los valores de sus parámetros acústicos más representativos. Los valores correspondientes a aquellos recintos considerados unánimamente como excelentes desde el punto de vista acústico han sido elegidos como patrones.

Como ya hemos visto, la reverberación en una sala es un fenómeno muy importante y que puede causar efectos negativos o positivos a nuestro sistema de refuerzo sonoro. El tiempo de reverberación es un parámetro bastante indicativo de las características de la sala y nos da una idea de cómo de reverberante es la sala.

1.3.2.3 TIEMPO DE REVERBERACIÓN

El tiempo de reverberación es el tiempo necesario para que la intensidad de un sonido disminuya a la millonésima parte de su valor inicial o, lo que es lo mismo, que el nivel de intensidad acústica disminuya 60 decibelios por debajo del valor inicial del sonido.

Este parámetro se podría decir que es el más importante y característico de un recinto cerrado, el cual nos indicará cómo responde la sala a los sonidos que en ella se produzcan ya que este parámetro es representativo de las energía sonora que se reflejará en el recinto.

Su cálculo viene dado por la fórmula de Sabine, la cual tiene en cuenta el volumen del recinto y la absorción de las diversas superficies del recinto. La absorción, que es la cantidad de energía sonora que no será reflejada al impactar la onda sonora sobre una superficie, dependerá del coeficiente de absorción de cada material y de la superficie de dicho material.

$$TR = \frac{0,161V}{A}$$

donde V(m3) es el volumen de la sala y,

A=Σ(α*S) es la absorción total, que es la suma del coeficiente de absorción de cada material (α) por su superficie (S).

Para el diseño de nuevas salas se suelen utilizar unos valores de referencia para el tiempo de reverberación. En estos valores utilizados existe una componente subjetiva, y no existe un acuerdo unánime. Los valores van variando según los requerimientos del sonido que se vaya a emitir en la sala, pues diferentes fines y hasta diferentes tipos de música necesitarán diferentes tiempos de reverberación como se puede observar en las tablas 1.2 y 1.3.

Uso	V(m3)	Tr
conferencias	0-4000	0,4-1
música de cámara	1000-11000	1-1,4
música clásica	2000-20000	1,5
música de órgano	1000-25000	1,5-2,3
ópera	10000-25000	1,6-1,8
música romántica	3000-15000	2,1

Tabla 1.2 Tiempos de reverberación según el uso de la sala

Tipo de edificio	Local	Tr
Residencial (público y privado)	Zonas de estancia	≤ 1
	Dormitorios	≤ 1
	Servicios	≤ 1
	Zonas comunes	≤ 1,5
Administrativo y de oficinas	Despachos	≤ 1
	Oficinas	≤ 1
	Zonas comunes	≤ 1,5
Sanitario	Zonas de estancia	$0,8 \leq T \leq 1,5$
	Dormitorios	≤ 1
	Zonas comunes	$1,5 \leq T \leq 2$
Docente	Aulas	$0,8 \leq T \leq 1,5$
	Salas de lectura	$0,8 \leq T \leq 1,5$
	Zonas comunes	$1,5 \leq T \leq 2$

Tabla 1.3 Tiempos de reverberación según el tipo de edificio

Otro de los grandes condicionantes de una sala es su estructura, es decir, su forma. No es suficiente con saber el tiempo de reverberación de una sala ya que este parámetro no nos indica la distribución que hará el sonido en la sala. La distribución del sonido vendrá dada por la forma de la sala, y una buena ubicación del escenario y de todo el equipo de sonido es fundamental para conseguir que las características de la sala nos favorezcan y no nos perjudiquen. Para ello analizamos las distintas formas que pueden tener una sala y la distribución que se hace en ella.

1.3.2.4 FORMA RECTANGULAR/CUADRADA

Éste es uno de los casos típicos de muchas salas de concierto de tamaño mediano y grande. El escenario suele estar al fondo y el público se sitúa en todo el resto de la sala. Existe una buena imagen visual y la arquitectura facilita proyectar el sonido precedente del escenario hacia toda el área de audiencia. Sólo será necesario centrar el sonido en el eje principal y no tratar de dispersarlo hacia los lados de manera que pudieran aparecer reflexiones.

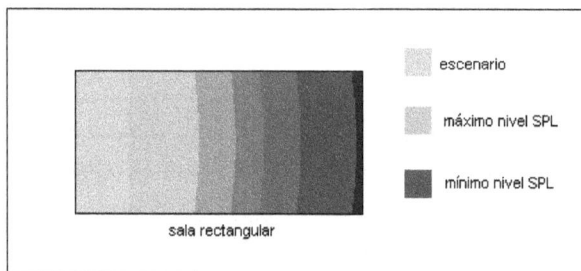

Figura 1.9 Sala rectangular

1.3.2.5 FORMA DE ABANICO

Es un caso prácticamente igual al anterior, sólo que ahora el patrón dispersivo se podrá abrir un poco más para adaptarse a la forma del recinto. Se deberá utilizar suficiente nivel como para que el sonido llegue a las zonas más alejadas de la audiencia y un equipo bien dispuesto para que las primeras filas no se vean atronadas por las señales que únicamente deberían escucharse por el público más alejado.

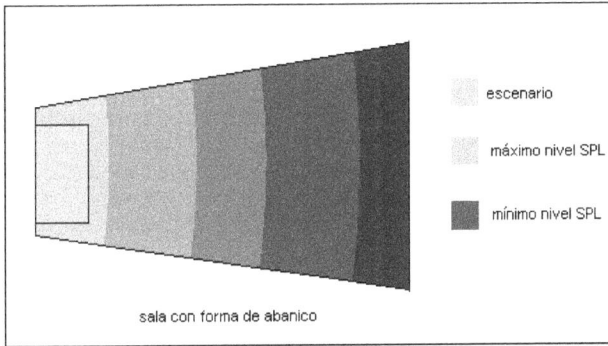

Figura 1.10 Sala tipo abanico

1.3.2.6 FORMA ELÍPTICA

Las estructuras ovaladas presentan bastantes más inconvenientes que las cuadradas. A causa de su forma, las reflexiones del sonido que ocurran en su interior tenderán a concentrarse en el área de audiencia, pudiendo dificultar mucho las condiciones de escucha. Habrá que tener especial cuidado con al orientación del sistema y con el nivel utilizado para no generar excesivas reflexiones o que la reverberación no estropee demasiado la señal.

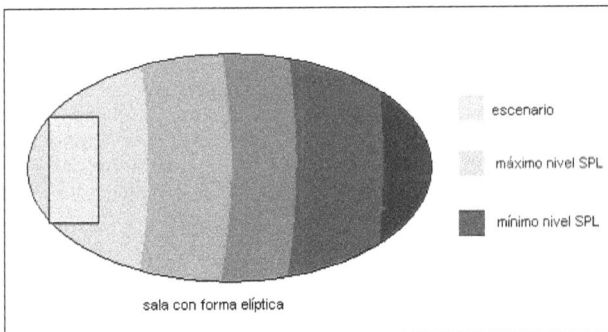

Figura 1.11 Sala elíptica

1.3.2.7 FORMA CIRCULAR

Con seguridad es el caso más complejo de todos. Es la forma típica que suelen presentar las plazas de toros, la cual, además de presentar efectos muy nocivos sobre la señal de audio, el área de trabajo se ve considerablemente reducido ya que prácticamente el recinto queda dividido en dos mitades al poner el escenario. Las tremendas reflexiones de la señal, especialmente acentuadas por el recinto, obligarán a los técnicos a buscar soluciones en lo que a ecualización, disposición de altavoces y niveles de emisión se refiere.

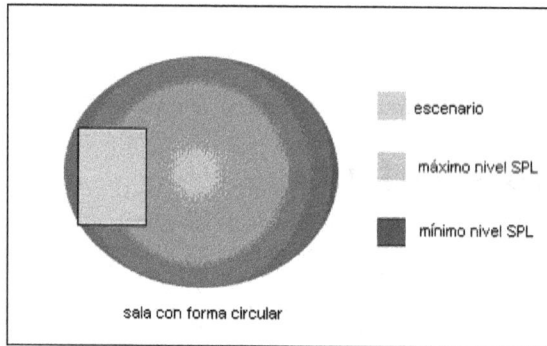

Figura 1.12 Sala circular

1.3.3 Conclusión

El campo de la Acústica Arquitectónica es un campo que no está del todo desarrollado, ya que descansa fuertemente en juicios subjetivos y criterios estéticos. Aunque se han realizado medidas y experimentos, no parece fácil llegar a la definición definitiva de las características que hacen que una sala sea buena desde el punto de vista acústico. Sin embargo existen unas normas básicas que deberían cumplirse:

• Modificar la forma, orientación y material de las superficies en las que se puedan originar ecos para evitar que el sonido se concentre en puntos determinados.

• Procurar que el sonido se distribuya uniformemente y que la intensidad sonora sea suficiente e igual en toda la sala.

- Evitar la aparición de ruidos de fondo, tanto internos como externos.

- Favorecer las reflexiones en el escenario, de modo que las primeras ondas reflejadas se propaguen con muy poco retraso respecto al sonido directo.

- Diseñar salas que mezclen los sonidos, de forma que el sonido que llegue al oído izquierdo de cada oyente sea diferente del que llegue a su oído derecho.

Es difícil que todas estas reglas se cumplan en un solo recinto, por lo que pocos pueden clasificarse de buenos desde el punto de vista acústico, unas veces por mal diseño y otras porque el uso que se les da no es aquel para el que fueron construidos.

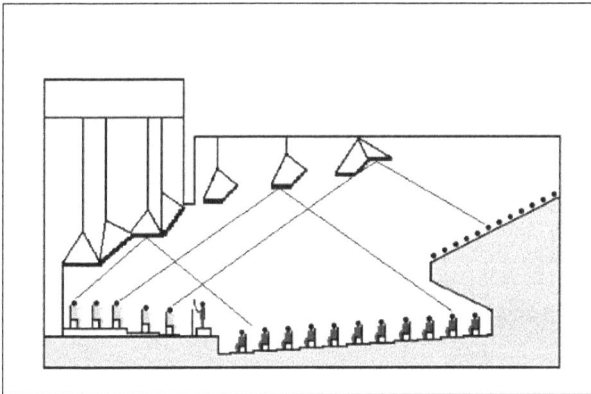

Figura 1.13 Reflexión del sonido en paneles reflectantes

1.4 CONSIDERACIONES ELECTROACÚSTICAS

Como es lógico, todos lo conciertos o actuaciones no son iguales, ni en la parte acústica ni el la parte electroacústica. Cada sala, cada recinto, cada espacio dedicado a la reproducción sonora es diferente, tiene requerimientos diferentes y se encuentra en circunstancias diferentes, por lo que hay que tener en cuenta ciertas consideraciones que generalizaremos en tres grandes grupos:

- Actuaciones de pequeño tamaño

- Actuaciones de mediano tamaño

- Actuaciones de gran tamaño

Sería totalmente imposible hablar de las consideraciones de cada sala o recinto en el mundo. La experiencia y los conocimientos harán que tomes buenas decisiones para cada caso particular teniendo como base de la que partir ciertas consideraciones.

Al hacer cualquier tipo de concierto, conferencia, obra de teatro, etc. es necesario disponer de un sistema de refuerzo sonoro, debido a los posibles altos niveles de ruido de fondo que dificultan la inteligibilidad o la buena recepción de la música y a las aglomeraciones de público que requerirán altos niveles para su escucha. En líneas generales, lo primordial en un sistema de refuerzo sonoro es la fidelidad. Para ello necesitamos:

- Una respuesta en frecuencia plana en casi todo el rango audible (20 Hz-20 KHz).

- Una buena respuesta a transitorios (pegada limpia).

- Una baja distorsión.

- Una relación señal/ruido aceptable.

Y esto se ha de cumplir en toda la zona de audiencia, con lo cual necesitamos una buena directividad de las fuentes sonoras para conseguir una buena distribución de los niveles de presión sonora. La calidad acústica de un sistema de refuerzo sonoro viene limitada por los transductores, es decir, los micrófonos y los altavoces que restringirán la respuesta en frecuencia.

1.4.1 Actuaciones de pequeño tamaño

Las actuaciones de pequeño tamaño normalmente están reservadas a recintos cerrados. Por lo general, en las salas, cuyo fin es la reproducción sonora de cualquier tipo de espectáculo, tienen una instalación acústica propia por lo que deberemos amoldarnos a esta situación esperando que los equipos de la sala sean lo mejor posible. Esta circunstancia es beneficiosa para la compañía y para los artistas ya que el trabajo de instalación se reduce bastante, en cambio, para el ingeniero de sonido se dificulta ya que deberá trabajar con nuevos equipos y decidir si se necesita más equipo o no.

La potencia utilizada en una sala dependerá de su tamaño pero aproximadamente suele oscilar entre 2000 W y 5000 W obteniéndose unos niveles de presión entre 90 dB y 100 dB. Al poseer la sala de un equipo propio no será necesario alquilar mucho equipo, dependiendo del que disponemos claro, por lo que en este tipo de conciertos los presupuestos suelen ser bajos.

Este es el típico conexionado de una actuación pequeña, en la cual el monitorado se lleva a cabo en la misma mesa de mezclas principal. Como se puede observar es bastante sencillo y no requiere de un gran equipo de personas para realizarlo.

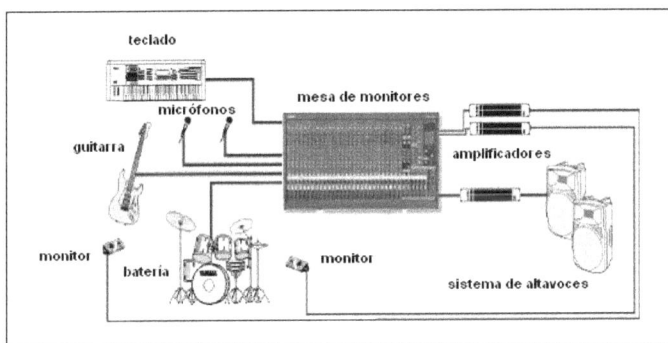

Figura 1.14 Conexionado de una actuación pequeña

1.4.2 Actuaciones de mediano tamaño

Este tipo de actuaciones se suelen realizar en espacios abiertos aunque es posible encontrar salas de grandes dimensiones que aproximadamente se ajustan a las mismas consideraciones electroacústicas a pesar de ser un recinto cerrado y tener una acústica diferente. Como hemos aclarado anteriormente estas explicaciones son de modo general por lo que no haremos especial distinción.

La potencia requerida para dar refuerzo sonoro a un evento de este tamaño oscila entre los 5000 W y 20000 W dependiendo de la cantidad de público que asista. Los niveles de presión que dan en estos conciertos son de 90 dB a 110 dB. Al ser un concierto de tamaño ya considerable, el equipo necesario para cumplir las exigencias mínimas es bastante extenso por lo que se suele alquilar el equipo y también el escenario. A estos niveles, el sistema de refuerzo sonoro es más complicado que en un pequeño concierto, disponiendo de sistemas de dos (graves y medios-agudos) e incluso tres vías (graves medios y agudos), con lo cual el presupuesto aumenta considerablemente.

El conexionado para estas actuaciones es más extenso y laborioso. Se sigue utilizando una única mesa de mezclas pero hay mayor cantidad de altavoces y se utilizan bastante los crossovers y los ecualizadores.

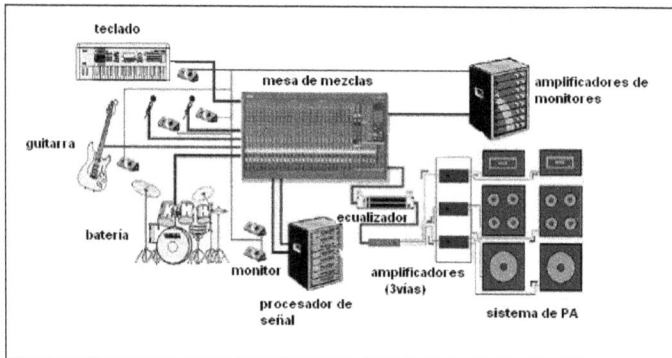

Figura 1.15 Conexionado de actuación mediana

1.4.3 Actuaciones de gran tamaño

En las actuaciones de gran tamaño se requiere una gran cantidad de personal. Cada parte del sistema de refuerzo sonoro necesita su personal específico y cualificado que deberá estar muy bien organizado y distribuido. Se maneja una gran cantidad de material y de equipos cuyo montaje es sólo apto para profesionales, que requieren mucho tiempo y precisión, pues cualquier fallo se pagará muy caro ya que se maneja muchísimo presupuesto y lógicamente muchísimo público.

Aquí es donde todos los dispositivos dedicados a refuerzo sonoro hacen aparición. Se usan dos mesas de mezclas, una para la mezcla principal y otra para el monitorado, teniendo la primera unos 40 canales y la segunda unos 16 como mínimo. En lo que se refiere a potencia, se habla de Kilowatios, alrededor de los 50 KW, que suelen provenir de un camión generador contratado para que no haya problemas de suministro. El sistema puede llegar a ser de hasta cinco vías con sus respectivos amplificadores de potencia y crossover y su conexionado se divide en dos partes conectadas por una caja de conexiones o splitter.

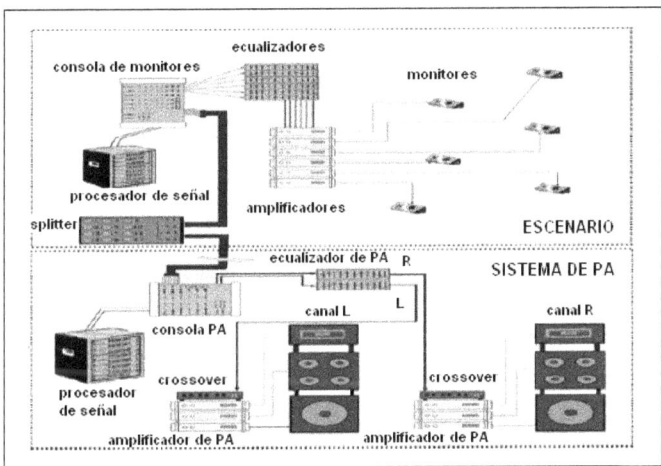

Figura 1.16 Conexionado de actuación de gran tamaño

Capítulo 2

EL SISTEMA DE REFUERZO SONORO

2.1 ANTECEDENTES HISTÓRICOS

La historia de los sistemas de refuerzo sonoro no se remonta muy atrás en el tiempo, sino que es algo más bien reciente, gracias a la explosión de las nuevas tecnologías y los mercados que han conseguido que el mundo del sonido profesional avanzase y siga avanzando. A pesar de ello, es cierto que, muy atrás en la Historia, ciertas civilizaciones como los griegos demostraron conocimientos sobre acústica diseñando recintos, como el teatro griego, cuya forma en semicírculo, con gradas inclinadas hacia arriba y con una estructura reflectante detrás mejoraban considerablemente la acústica del recinto. Aunque esto no se puede considerar un sistema de refuerzo sonoro tal y como se entiende actualmente.

Figura 2.1 Primeros sistemas de altavoces

Todo empezó a principios del siglo XX, cuando la música empezó a crear interés a las masas y aparecieron consecuentemente las primeras empresas de audio como Western Electric o Bell Telephone (actualmente llamado Lucent Tecnologies) con inventos como por ejemplo los micrófonos dinámicos y de condensador respectivamente. A pesar de que fueron las empresas las que fueron originando nuevas tecnologías dentro del mundo del audio en directo, fueron los grupos de música de la época los que hicieron que las empresas se movilizarán en busca de nuevas tecnologías para satisfacer sus necesidades, debido a su gran demanda.

Se puede decir que los sistemas de refuerzo sonoro fueron impulsados por la música rock. Ésta provino del Blues, que era la música de la calle. La gente de la calle era pobre por lo que no había mucho presupuesto para PA (Public Address) y amplificadores, lo que suponía que no se tuviera en cuenta muchos principios técnicos en los diseños de los sistemas de refuerzo. Fue a principios de los 60 cuando aparecieron los primeros grandes festivales de música como el de Monterrey en el 67 o Woodstock en el 69, que requerían de una gran cantidad de decibelios para poder llegar a una gran cantidad de público y donde se vieron, consecuentemente, los primeros sistemas de refuerzo sonoro a gran escala.

La mayoría de los PA a principios de los años 60 consistían en columnas de altavoces de 12 pulgadas. Las bandas a menudo hacían 3 actuaciones en una noche, y al viajar en furgonetas de tránsito, el equipo quedó limitado a 2 columnas de 4 altavoces de 12 pulgadas. Pocas bandas suponían un negocio eficiente. Los sistemas de PA muy grandes estaban económicamente fuera de alcance de casi todas las bandas.

En 1964 The Beatles recorrieron el mundo usando su amplificador Vox 30W. Ellos a menudo usaban PA que consistían en altavoces de 12 pulgadas colocados en columnas, conducidos por amplificadores de 100 W (si tenían suerte). El público que asistía a sus conciertos gritaba tanto que los ahogaba por completo y en muchos casos no se oía a la banda, lo que supuso que la banda nunca más volviera a hacer tours mundiales. Esto significó que los empresarios pensaran que la calidad del sonido no afectaba a la asistencia de público en un concierto. Antes de todo esto, las bandas sólo tenían pequeños amplificadores e iluminación simple y los instrumentos y las voces iban por separado.

Figura 2.2 Concierto de The Beatles

Entonces vino el período de transición del PA, que comenzó a dominar como el sistema principal, con instrumentos y voces adaptadas a él. Pero el resultado era un sonido comprimido, carente de expresión dinámica, fidelidad y realismo. El PA estaba en un callejón sin salida. Para que un PA fuera eficaz tenía que ser al menos 4 veces la escala de los amplificadores y totalmente activo (control por bandas) para conseguir la fidelidad. Muchas bandas creyeron que los locales deberían asumir la responsabilidad del sonido, pero esto no evolucionó. En esta época, los dueños de las empresas de sonido estaban atados a creencias conservadoras influenciadas por la religión que contrastaban con el contenido del discurso y el estilo de vida de la nueva música, la música rock. Esto supuso, en principio, un freno en el avance del PA, y las empresas que se liberaron de estas cadenas fueron las que más éxito tuvieron en aquel momento. Pero finalmente todas acabaron adaptándose.

A finales de los años 60 apareció la música de fusión, con mezclas de la música pop, rock y R&B, y surgieron ciertas bandas tocando con un nivel alto de habilidad musical que se hicieron populares. Santana, Frank Zappa, Chick Corea, Herby Handcock, Eagles, Yes y el sello Motown, por nombrar unos cuantos. Esta música, tocada por grandes músicos, inspiró el desarrollo de la fidelidad plena y PAs en gran escala (full fidelity, large-scale, active PAs) buscando la máxima calidad de sonido en sus actuaciones. Pero la música de habilidad técnica alta (incluida música clásica) ha limitado el apoyo de medios y casas discográficas, considerado demasiado complejo para el disfrute de la mayoría del público.

Figura 2.3 Sistema de altavoces de los años 60

El desarrollo de fidelidad plena, PA activa en gran escala, inspirada por la música de fusión a finales de los años 60 y principios de los años 70, fue dejado incompleto. Se hizo demasiado difícil innovar nuevos diseños, en lo que se había convertido una industria técnicamente analfabeta, dominada por el interés comercial que promueve el rock duro, el techno y el teenage pop. La emergencia de la industria de las telecomunicaciones consumió al mejor y más cualificado personal. La reforzada industria del sonido en vivo fue dejada para mantenerse a flote durante los próximos 20 años. El sonido áspero fuerte y distorsionado permaneció siendo el símbolo primario de la música en vivo.

Antes de los años 80, los sistemas de sonido que se elevaban del suelo al techo se convirtieron en la nueva tendencia. Este dio el espacio suplementario para la organización. La reverberación y los ecos de paredes y techo son multiplicados si los sistemas de altavoces son incorrectamente colocados, algo que solía ocurrir y aún ocurre. La organización de altavoces en racimos (clusters) verticales semicilíndricos tiene el potencial para reducir algunos problemas antes descritos. La fidelidad mejora si el sonido aparenta prevenir de una fuente sola. Pero hay un tamaño máximo de racimo (cluster) que puede ser colocado antes de que la distorsión sea excesiva.

Figura 2.5 Sistema de altavoces tipo cluster

En los años 90, la aplicación de sistemas de fuente de línea permitió a empresarios comercializar acontecimientos más grandes. Al principio los sistemas de altavoces de fuente de línea fueron exclusivamente utilizados en forma de pequeñas columnas, vistas en iglesias, gimnasios, escuelas, etc. cuya aplicación se limitaba a anuncios y música de fondo.

Los sistemas de sonido de fuente de línea para locales grandes habían sido entendidos desde los años 50. Pero la eficiencia limitada de una fuente de línea grande, comparada a la eficiencia más alta de un sistema de cuerno exponencial bien diseñado, no era aceptable entonces. Sobre todo para cines. El cambio fue debido a que los amplificadores de energía grandes se hicieron disponibles en el acto, y baratos, y los problemas técnicos de construcción y alineación de componente fueron solucionados.

La ventaja teórica de un sistema de fuente de línea es que el público entero puede oír el sonido igualmente. El sonido parece permanecer en un nivel similar al aumentar la distancia de la fuente de línea. La ley del cuadrado inverso se reduce y la directividad horizontal mejora.

2.2 DEFINICIÓN Y OBJETIVOS

2.2.1 Definición

Un sistema de refuerzo sonoro es un complejo conjunto de dispositivos y elementos acústicos y electroacústicos que se conectan entre sí para conseguir que los sonidos emitidos en un escenario, tanto voz como instrumentos, sean reproducidos con un mayor nivel de presión sonora y de la manera más fiel posible para que puedan ser escuchados por un determinado público.

Se pueden distinguir dentro de un sistema de refuerzo sonoro 3 subsistemas diferentes:

- Sistema de PA (*Public Address*)

- Control FOH(*Front of House)*

- Sistema de monitorado

Cada subsistema está compuesto por diferentes dispositivos, y cada dispositivo tiene una función diferente. Los subsistemas de conectan entre sí de una forma determinada para el correcto funcionamiento del sistema. En el escenario es donde se recoge la señal de audio emitida por las distintas fuentes sonoras, las cuales se recogen a través de micrófonos que se conectan por cable o van directamente por línea a una caja o matriz de conexionado. Dicha caja está conectada a través de una manguera de cables que llevan las distintas señales de audio al control FOH.

El control FOH es el subsistema donde se recogen, procesan, mezclan y encaminan las señales de audio emitidas en el escenario. Dicho subsistema está compuesto por una mesa de mezclas y por diferentes dispositivos de procesado de señal como puertas de ruido, ecualizadores o procesadores de efectos.

Una vez hayan sido procesadas las señales que llegaron a la mesa de mezclas según el criterio del ingeniero de sonido y las necesidades del espectáculo (con el fin de obtener un sonido de calidad), se obtiene una sola señal estéreo, la cual se lleva a una serie de amplificadores cuya función es la convertir una señal de bajo nivel en una señal con niveles altos o muy altos sin pérdida de calidad. Finalmente, dicha señal del alto nivel alimentará a un conjunto de altavoces de diferentes tipos, tamaños y disposiciones que forman el segundo de los subsistemas del sistema de refuerzo sonoro, el sistema de PA, que deberá reproducir la señal de audio que ha sido captada en el escenario al público, con la máxima fidelidad y con la potencia suficiente para que sea escuchada por cada persona que forme la audiencia.

Debido a la potencia con que emite el sistema de PA, los artistas que estén en el escenario necesitan un refuerzo sonoro para poder escucharse a ellos mismos. Esta función la lleva a cabo el sistema de monitorado (tercer subsistema), que está conectado, al igual que el control FOH, a la matriz de conexionado pero de la cual extraerán menos señales, pues dependiendo de los artistas, éstos sólo necesitarán escuchar ciertos sonidos. Las señales de audio se llevan desde la matriz a otra mesa de mezclas de tamaño menor que la principal, llamada mesa de monitorado, cuya mezcla final va a parar a los diferentes monitores, también llamados cuñas, que se reparten por el escenario y que enfocan a los diferentes artistas para que puedan escuchar las señales de audio que ellos quieran.

2.2.2 Objetivos

Todo este entramado se dispone con un único objetivo, lograr un sonido de calidad que sea escuchado y disfrutado por todo el público asistente. Detrás de este objetivo, a priori un poco subjetivo, se esconde una serie de metas que se le exige al sistema que cumpla y una serie de retos que el sistema tiene que solventar lo mejor posible, pues no existe el sistema perfecto o la mezcla perfecta.

Las metas de un sistema de refuerzo sonoro son:

1. Proporcionar la más fiel reproducción de respuesta de frecuencia y respuesta de fase de cualquier señal de audio, sin coloración y sin distorsión.

2. Maximizar la inteligibilidad del sistema.

3. Proporcionar niveles sonoros (SPL) y respuesta de frecuencia adecuados en el área que se pretende sonorizar.

   o   90 a 110 dB en recintos pequeños

   o   110 a 125 dB en recinto grandes o de rock & roll

4. Lograr que la imagen sonora sea lo más real posible.

5. Maximizar el rendimiento del sistema en períodos cortos y largos de tiempo.

6. Minimizar la interferencia destructiva entre subsistemas de cajas acústicas.

7. Minimizar las pérdidas de tiempo de reparaciones y solución de problemas haciéndolo de manera eficiente.

8. Operar todo el equipo de manera segura.

9. Obtener buena respuesta a transitorios (pegada limpia).

Los retos que un sistema de refuerzo sonoro debe intentar superar son:

1. Distorsión de algunos componentes del sistema.

2. Inversiones de polaridad en cualquier punto de la cadena de transmisión.

3. Interacción entre altavoces.

4. Cambio de fase en los altavoces y errores en el cableado.

5. Colocación inadecuada de las cajas.

6. Reflexiones de las superficies.

7. Cobertura innecesaria.

8. Errores en algún control de ganancia.

9. Ruidos procedentes de zumbidos y vibraciones.

10. Deficiente puesta a tierra, etc.

11. Componentes que fallan.

12. Desplazamiento de los puntos de cruce.

13. Acoplamientos de impedancia inadecuados.

14. Ancho de banda insuficiente.

15. Ausencia de equipos de medición adecuados.

Capítulo 3

SUBSISTEMAS DEL SISTEMA DE SONIDO

3.1 SISTEMA DE PA

El sistema de PA, que procede de las siglas de Public Address (dirigido al público en inglés), es la parte de un sistema de refuerzo sonoro que se encarga de reproducir las señales de audio que se emiten en el escenario para que todo el público asistente pueda escucharlas con la mayor fiabilidad posible. Para ello, el sistema se compone de un conjunto de cajas acústicas, las cuales se podrán agrupar de diferentes formas intentando obtener el mejor resultado, una infraestructura que sostendrá a las cajas y una alimentación de potencia para su funcionamiento.

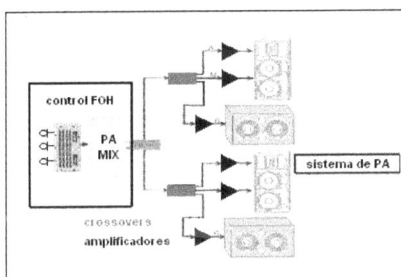

Figura 3.1 Sistema de sonido

La parte más trascendental de este subsistema es la disposición de las cajas acústicas, ya que, según el número de cajas y su colocación, obtendremos diferentes características direccionales, diferentes áreas recubiertas y diferente potencia consumida. La agrupación en línea de dos o más cajas se denomina array o arreglo.

Cajas acústicas

Para un sistema de PA se utilizan básicamente dos tipos de cajas acústicas: cajas de sub-graves y cajas de rango completo.

Cajas de sub-graves:

* Su rango de frecuencia es de 20 Hz a 150 Hz.

* Se suelen montar de 2 a 4 altavoces de cono cuyos diámetros oscilan entre 12" y 21".

* Se utilizan radiadores directos, con diseños específicos de bass-reflex como complemento, o estructura con forma de bocina que aumentan considerablemente el rendimiento de la caja acústica.

* La potencia de alimentación suele oscilar entre los 800 W a 1000 W por caja.

* Tipo de conectores Speakon NL-4 o NL-8.

* Se suele colocar en el suelo, en lugar de estar voladas. Con este montaje se obtiene un aumento de nivel.

Cajas de rango completo:

* Su rango de frecuencias va desde los 100 Hz hasta los 20 KHz:

    * zona de medios-graves: 100 Hz a 500 Hz: conos de radiación directa y bocinas e incluso sistemas bass-reflex.

    * zona de medio-agudos: 300 Hz a 2 KHz: bocinas o conos de radiación directa 10" a 12".

- zona de alta frecuencia: 1 KHz a 20 Khz: bocinas o twetters para ultra altas frecuencias.

- Ángulos de cobertura horizontal:

  - sistemas multicelulares: 5° a 30° (dispersión estrecha)

  - sistemas apilados: 40° a 90° (dispersión ancha)

- Potencia de alimentación:

  - agudos: 150 W

  - medios-agudos: 300 W

  - medios-graves: 800 W

Las cajas acústicas empleadas en un concierto suelen tener diferentes funciones según las características de ésta. Así podemos clasificarlas en:

- Cajas downfill:

  - Se utilizan para cubrir la zona más cercana al escenario y se enfocan hacia abajo.

  - Suelen ser de rango completo, aunque las bajas frecuencias serán emitidas en la mayor parte de los casos por cajas de graves y sub-graves situadas en el suelo en la parte frontal del escenario.

  - Deben usar una línea de retardo sincronizada con respecto a la señal del sistema principal.

- Cajas longthrow o de tipo largo:

  - Son las usadas para emitir el sonido PA desde donde terminan de actuar las downfill hasta las zonas más alejadas del público.

- Suelen colocarse formando arrays que se sitúan encima del escenario o volados, es decir, colgando de algún tipo de estructura.

- Emiten con mucha potencia y tienen patrones de directividad bien definidos para poder hacer diseños que cubran toda el área de audiencia de manera cómoda.

- Las cajas sidefill y de monitores son utilizadas para reforzar la escucha de los músicos y se explicarán más adelante.

3.1.1 Sistema de PA en interiores

Los sistemas de PA utilizados en interiores y exteriores no son iguales ya que las condiciones acústicas son diferentes y por lo tanto las necesidades para cumplir los objetivos del sistema de PA no son las mismas. En interiores, los ruidos de fondo suelen ser bajos, la audiencia suele estar apelotonada y con poca potencia se puede alcanzar fácilmente altos niveles de presión.

Como ya hemos comentado, el principal factor a considerar en una sala es la reverberación o más concretamente su tiempo de reverberación (T60). Una excesiva reverberación en la sala afectaría negativamente a la inteligibilidad en caso de reproducción de voz y produce una pérdida de definición en programas musicales, en cambio, una reverberación escasa supondría el empleo de más potencia en el sistema.

Al sonorizar una sala se procura colocar las cajas de manera que toda la potencia acústica se proyecte sobre la audiencia y se evite radiar potencia hacia las zonas sin audiencia y poco absorbentes. La mejor manera de conseguirlo es colocando las cajas en una posición alta y que apunten hacia abajo de manera que no haya grandes variaciones de distancias entre las cajas y el público, lo que hará que se homogenice el área de escucha.

Configuración de cajas según tamaño

Auditorios o teatros pequeños:

- Se sitúa un cluster (agrupación de altavoces) en el centro de la parte superior de la embocadura del escenario.

- Se utilizan las cajas sidefill para dar cobertura lateral.

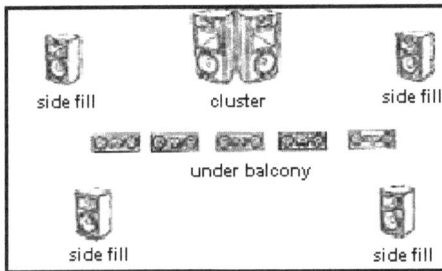

Figura 3.2 Cajas para auditorios o teatros pequeños

Esta configuración del PA se utiliza para representaciones teatrales o actuaciones musicales en las que no se trabaje con grandes niveles y la reproducción de la voz del cantante o locutor sea importante.

Grandes teatros:

- Al sistema anterior se le añade un sistema de cajas en formación L y R que se utilizarán para reproducir la orquesta o música grabada además de efectos o de las propias voces a unos niveles distintos de los del cluster.

- Se suelen elevar las cajas de agudos y los graves se sitúan donde sea más fácil camuflarlos.

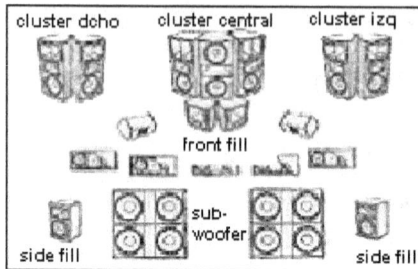

Figura 3.3 Cajas para grandes teatros

• Dado que las distancias a cubrir empiezan a ser considerables y especialmente si existen obstáculos en la trayectoria desde el cluster hasta el público debido por ejemplo al forjado del entresuelo, se hace necesario colocar unas cajas de refuerzo debajo.

• Este tipo de cajas conocidas como "under balcony" pretenden suplir lo que no llega desde el cluster central, pues muchas veces, esta distancia es lo suficientemente grande como para que aun llegando un buen nivel de presión, se aprecie una especial atenuación en las frecuencias altas. Esto da una clara sensación de alejamiento de la fuente, por esta razón estas cajas suelen ser de una vía (agudos) y con un altavoz de no más de 5". También se les suele introducir un retardo a estas cajas para que el sonido emitido se sume correctamente con el sonido emitido por el cluster, que, al realizar un largo recorrido, tarda ciertos milisegundos en llegar a los oyentes situados cerca de los under balcony.

Figura 3.4 Teatro con cajas under balcony

3.1.2 Sistema de PA en exteriores

El área a cubrir por un sistema de PA en el exterior es siempre mucho mayor que en una sala o cualquier sitio interior. Esto supondrá que el sistema tenga que dar un alto rendimiento basado en el uso de bocinas para alcanzar los puntos más alejados de la audiencia.

Los niveles de ruido de fondo en exteriores también son más altos que en los interiores por lo que la potencia se necesitará multiplicar por una media de 5 veces la utilizada en interiores para audiencias similares.

Los primeros sistemas fueron creados con la filosofía de cajas apilables de amplia dispersión horizontal (60° a 90°-100°), en los que, con una sola pareja de cajas, se cubría una amplia zona pero con bajos niveles de presión sonora. Más adelante, fueron surgiendo otro tipo de configuraciones de cajas acústicas, distinguiendo así tres tipos de sistemas de PA para exteriores:

1. Sistemas apilados (dispersión ancha)

2. Sistemas multicelulares (dispersión estrecha)

3. Sistemas distribuidos

3.1.2.1 SISTEMAS APILADOS O DE DISPERSIÓN ANCHA

- Se trata de utilizar cajas acústicas a modo de ladrillo para construir un muro de sonido.

- En la parte más baja se situarán las cajas de sub-graves y encima las de rango completo.

- Estos montajes se utilizan cuando se pretende llegar a puntos lejanos del escenario como grandes festivales al aire libre.

- Utilizan cajas de dispersión ancha (de 60° a 90°) para cubrir el área de audiencia horizontalmente con la dispersión vertical lo más estrecha posible para evitar interferencias entre las distintas radiaciones de las cajas.

- Para obtener altas presiones sonoras es necesario apilar "stackar" cajas de manera que formen arrays coherentes que den como resultado un incremento de presión.

- Cada punto de la audiencia está recubierto por una combinación compleja de fuentes.

- Para que funcione bien este sistema, las cajas tiene que estar correctamente apilado y el cableado y la alimentación tiene que ser perfectamente idéntico para cada una de las cajas.

- En esta configuración de PA es habitual detectar una gran falta de rendimiento de forma global cuando se producen fallos de alimentación o cableado, aunque el fallo afecte sólo a una caja, o incluso a una sola vía de la caja.

Figura 3.5 Sistemas de cajas apilados

3.1.2.2 SISTEMAS MULTICELULARES

- Este sistema se compone de dos tipos de cajas. Una para sub-graves cortadas superiormente de 125 Hz hasta 300 Hz y otra que reproduce el resto del espectro por medio de dos o tres vías.

- En la primera fila se suelen utilizar cajas downfill (o de relleno inferior) montadas en la parte más baja del array. Estas cajas cubrirán las primeras filas y dado que están diseñadas para trabajar en campo cercano, el sonido es de gran calidad.

- Para el resto de la zona de audiencia se usan cajas longthrow (de tiro largo) más apropiadas para llegar más lejos.

- Para cubrir el rango de frecuencias más bajo del espectro se suelen montar cajas de sub-graves en el suelo del escenario (o en el suelo del recinto) ya que este rango de frecuencias se atenúa muy poco con la distancia, y no será difícil hacer llegar su emisión hasta el final del área de audiencia.

- La filosofía de trabajo de estos sistemas es la creación de unas células de audiencia que sean cubiertas de forma independiente e individualizada por cada una de las cajas del sistema.

- El área de cobertura de cada caja se solapa en un pequeño porcentaje con las células adyacentes cubiertas por otras cajas.

- Esta configuración proporciona al sistema de PA, niveles de presión muy uniformes.

- El nivel de presión máximo que se puede obtener sobre la audiencia depende de la altura del cluster. Y para una altura dada, la audiencia cubierta es proporcional al número de cajas utilizadas. Si se quiere cubrir más audiencia basta con aumentar el número de cajas del cluster sin afectar al resto de cajas operativas.

- La cobertura individualizada de cada una de las células proporciona la posibilidad de realizar sistemas de PA muy uniformes en coloración y presión sonora.

3.1.2.3 SISTEMAS DISTRIBUIDOS

- Consiste en colocar, es decir, distribuir los grupos de altavoces (cubriendo todo el rango de frecuencia) del sistema de forma que vayan cubriendo todo el área de audiencia.

- La distribución depende del área a recubrir y el área que recubre cada conjunto de altavoces, intentando siempre que no se solapen las área.

Una agrupación de cajas incorrecta puede deteriorar la respuesta global del sistema, llegando a arruinar todo un espectáculo. Con arrays mal diseñados, la respuesta en frecuencia del sistema será muy diferente en distintas zonas de la audiencia, produciendo una respuesta tipo filtro peine causada por la existencia de demasiados solapamientos en coberturas de las distintas cajas.

3.2 SISTEMA DE MONITORADO

El sistema de monitorado es el conjunto de elementos y dispositivos electroacústicos que, interconectados de una determinada manera, reproducen una mezcla de las señales emitidas en el escenario hacia las personas que en él se encuentran para que éstas puedan escuchar el sonido que emite su propio instrumento o voz y el del resto de sus compañeros de una forma más clara.

Durante los últimos diez años, esta parte del sistema de refuerzo sonoro ha ido creciendo hasta ser el subsistema más importante, ya que el sonido de este subsistema es el que escucha la banda, y la opinión de la banda es la que tiene peso para el ingeniero. La calidad y el nivel del sonido del monitorado determinarán lo que piensa la banda sobre el sistema y el trabajado del que lo maneja. Como función principal, los monitores tienen que sonar lo suficientemente alto para la banda para que se escuchen a ellos mismos sobre el nivel de música que hay en el escenario. No es tan fácil como parece, ya que para conseguir que cada músico esté contento con su monitorización habrá que realizar un buen trabajo en la mesa. Se intenta conseguir un gran nivel del altavoz que generalmente está a no más de 2 metros de un micrófono. No es de extrañar que el control de feedback sea el mayor problema a la hora de configurar el monitorado de nuestro sistema.

Como ya hemos visto, las exigencias de cada tipo de concierto suelen variar según el tipo de concierto o el tamaño de este. A grandes rasgos, un sistema de monitorado completo se ha de componer de:

- Monitores

- Mesa de monitores

- Rack de monitores

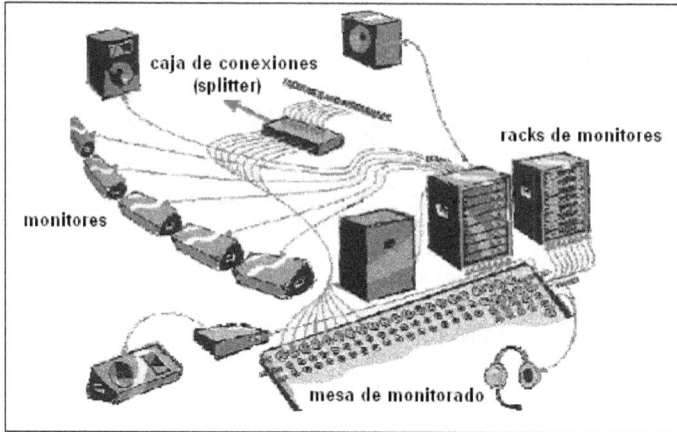

Figura 3.6 Sistema de monitorado

3.2.1 Monitores

Un monitor es una caja acústica concebida para la escucha de las señales de audio en estudios de grabación, emisoras de radio o televisión, operadores de sonido en general, y para lo que a nosotros nos importa, que es el monitorado de los músicos en el escenario. Estas cajas acústicas están formadas por dos o más altavoces y por unos filtros eléctricos, los denominados redes de cruce, que separan las frecuencias en las bandas de operación correspondientes a cada altavoz, de tal manera que, además de ampliar el ancho de banda de la fuente, se cubre una mayor superficie con una calidad aceptable, se incrementa la eficiencia de los altavoces y también se los protege.

Partiendo de esta base, dentro del sistema de monitorado, hay varios tipos de monitores que poseen finalidades específicas y, por lo tanto, características implícitas a cada tipo de monitor. Los tipos de monitores principales son:

- Cuñas o monitores para músicos

- Sidefill o monitores laterales

- Drumfill o monitores para la batería

3.2.1.1 CUÑAS O MONITORES PARA MÚSICOS

Los monitores para músicos son cajas de altavoces que se disponen inclinadas (de ahí que sean llamadas cuñas) y se colocan a lo largo del escenario generalmente en frente de cada cantante o músico y en el suelo.

Figura 3.7 Monitor

Las cuñas pueden ser de dos tipos según la configuración de los filtros (crossover) y de la amplificación. Si primero se amplifica y luego se filtra la señal, la cuña es pasiva, conteniendo un crossover pasivo y siendo monoamplificada. La cuña es activa cuando se filtra primero la señal y luego se amplifica, siendo la cuña, por tanto, biamplificada. Al ser biamplificada se necesita más potencia que la monoamplificada. Por lo tanto, el uso de una cuña u otra viene dado por el nivel SPL que se necesite. Si necesita niveles altos en los monitores (como las bandas de rock/heavy), se usa el biamplificado, ya que tiene más potencia. Si no es así, con las cuñas monoamplificadas será suficiente.

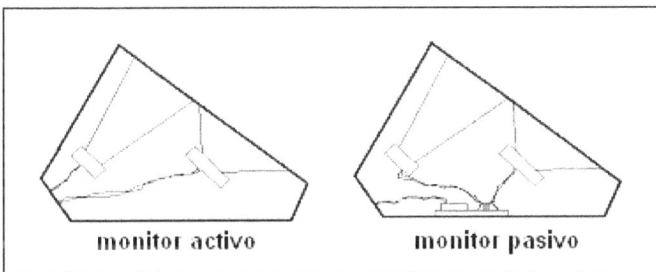

monitor activo   monitor pasivo

Figura 3.8 Monitores según el tipo de filtro

3.2.1.2 SIDEFILL O MONITORES LATERALES

Los monitores laterales son pilas de pares de altavoces que se colocan detrás de las pilas principales del sistema de PA, orientados hacia la banda a lo largo de escenario. Esta es la manera de conseguir altos niveles en los monitores. Se emplean cajas de no menos de 1 KW, de banda completa, bien equilibradas y multiamplificadas en dos, tres o cuatro vías. Su principal función es la de proporcionar a los músicos una mezcla similar a la proporcionada por el sistema de PA, equilibrando el sonido producido fuera del escenario. Al aportar niveles de presión sonora importantes en el escenario, permite que las cuñas no tengan que ser de excesiva potencia aunque puede obligar a trabajar con micrófonos tipo hipercardioides para que no se produzca acople (realimentación). Configurando y ecualizando correctamente, los monitores laterales pueden convertir un susurro en un rugido que atraviese el escenario.

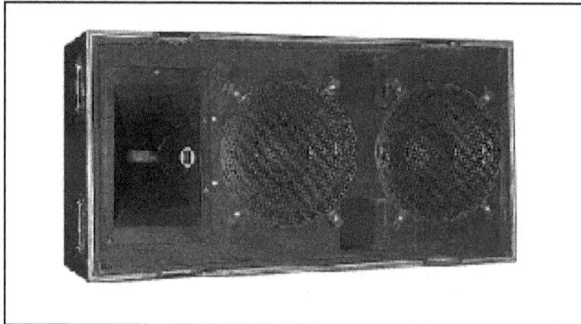

Figura 3.9 Monitor lateral o sidefill

3.2.1.3 DRUMFILL O MONITORES PARA LA BATERÍA

Como su propio nombre indica, este tipo de monitores son específicos para la batería y se colocan justo a su lado. Estos monitores suelen ser cajas de graves y sub-graves debido a que el rango de frecuencia de graves es muy importante en la batería, pues está presente en el bombo y en los timbales, y por su propia condición de graves, éstos tienen menor sensación de volumen que los agudos. Dar un refuerzo en este rango ayudará a la interpretación del batería. También son importantes los graves en este tipo de monitores porque otro de los instrumentos que suele pedir el batería para escuchar bien es el bajo.

Al trabajar bastante con el rango de frecuencias graves, éstos requieren una gran cantidad de potencia (1500 W aprox.) que se provee por medio de una multiamplificación y una ecualización que resalta este margen de frecuencias.

El o los monitores, dependiendo como siempre de las prestaciones de la actuación, suelen tener un altavoz de radiación directa de 18", un altavoz de 12" y un tweter de 1" o 2".

3.2.1.4 MONITOR DE OÍDO O IN-EAR MONITOR

El sistema de monitor personal *"in-ear monitor"* es un dispositivo inalámbrico, utilizado por el artista, capaz de hacer llegar la mezcla de la mesa de monitorado a sus oídos, con un volumen que él mismo puede controlar. Dado que cada vez son más utilizados los *"In-ear monitors"* o *"monitores de oído"* se ven mesas ya equipadas con auxiliares estéreos y con un número posible de mezclas de hasta 24. De esta manera, cada músico tiene sus auriculares, en los cuales, recibe la mezcla que él desea, y no el resto de sonidos que hay sobre el escenario.

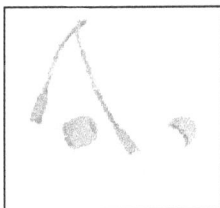

Figura 3.10 Monitor de oído

3.2.1.5 ELECCIÓN DE LOS MONITORES

A la hora de decidir cuál será el mejor monitor para nuestras necesidades, tendremos que tener en cuenta un gran número de parámetros. Los parámetros más importantes son la respuesta en frecuencia, coloración, respuesta transitoria, distorsión armónica y por intermodulación, sensibilidad, distorsión de fase, potencia de salida, dispersión, tipo de bafle y situación.

Para facilitar la conexión con una variedad de fuentes de sonido y pensando en el doble o triple uso que, en caso de necesidad, haríamos de ellos, cada monitor debería estar equipado con una entrada XLR balanceada para una directa compatibilidad con equipos profesionales, una entrada en jack balanceada y una entrada RCA sin balancear.

Aclaremos que no siempre un monitor con más vías es mejor que otro sólo por este hecho. Lo ideal es conseguir una respuesta en frecuencia altamente del sistema altamente lineal. Un número alto de vías nos permitirá un control más preciso de cada banda de frecuencia, pero con demasiadas vías, además de los cambios de fase, perderemos calidad en el sonido ya que se perderá un alto número de armónicos de algunos sonidos o que estos sean reproducidos por otro altavoz al que reproduce el tono principal, lo cual puede llegar a desconcertar al que escucha.

Algunos de los modelos que vamos a encontrar disponen de divisores de frecuencia con modo de funcionamiento seleccionable. Hay modelos de 3 vías que pueden funcionar en modo bi o tri-amplificado y de dos vías biamplificados o pasivos. Estos últimos (dos vías) seguramente son los preferidos a la hora de hacer un monitorado de campo cercano, especialmente en trabajos de edición de audio y salas de control en estudios de grabación.

Y puestos a hablar de preferencias, los recintos pasivos (insonorizados) son los buscados por aquellos profesionales para los que la claridad sonora está por encima de cualquier otro parámetro importante a la hora de la reproducción sonora.

Los sistemas bass-reflex tienen la ventaja de ser más rápidos (y de no necesitar imanes potentes), pero los diseños más grandes a menudo contienen frecuencias graves que no son fácilmente controlables. Afortunadamente, hoy en día existen muchos diseños de dos vías en configuración bass-reflex con una caída muy rápida del nivel de graves pero que al mismo tiempo son muy dinámicas.

En cualquier caso, hay que probar mucho antes de tomar una decisión, puesto que una de las peores cosas que pueden ocurrir es el escuchar detalles y armónicos en el ambiente del estudio y que estos desaparezcan cuando el trabajo es reproducido en el equipo de casa o en cualquier otro reproductor.

Como mención especial, hay que hablar del legendario monitor NS10M Studio, de Yamaha, que desde su introducción en los 80 hasta hace poco ha sido puntal en muchos estudios. La decisión de dejar de fabricarlo fue tomada al no poder disponer ya del material que distingue el blanco cono del woofer.

Los fabricantes nos pueden abrumar y tratar de convencer con números, diagramas y todo tipo de resultados nacidos de pruebas exhaustivas, pero si el sonido no nos llena, esos no son definitivamente los monitores que buscamos.

Listado de monitores actuales:

	Genelec 1031A	Yamaha MSP10	Mackie HR624	Elipse 8	EMES PINK
Precio aprox.	1.379	944	670	770	385
Potencia amplificación Graves	120 w	120 w	100 w	150 w	80 w
Potencia amplificación en agudos	120 w	60 w	40 w	150 w	80 w
Relación S/N	> 100 dB	>98 dB	>101 dB	-	-
Peso	12,7 kg	20 Kg	11,4 kg	15 kg	5,2 kg
Dimensiones	393x250x 290mm	265x329x 420mm	330x210x 264mm	373x460x 350mm	290x170x 200mm
Altavoces Graves	21 cm	20 cm	17 cm	20 cm	14 cm
Altavoces Agudos	2,5 cm	2,5 cm	2,5 cm	2,5 cm	2,5 cm
Entradas	XLR	XLR	XLR/1/4" TRS/ RCA	XLR	XLR

Tabla 3.1 Características de monitores

3.2.2 Mesa de monitorado

La mesa de monitores es la mesa que se encarga de realizar la mezcla que irá a cada uno de los diferentes monitores del escenario. Al contrario que la mesa de PA, la mesa de monitores se coloca a uno de los lados del escenario, orientada hacia los músicos para una buena comunicación entre el músico y el ingeniero que se encargue de la mezcla.

En el escenario, los monitores se distribuyen de forma que cada músico tiene su propio monitor o grupo de monitores enfocados a él mismo y con una mezcla personalizada. Por lo tanto, la mesa de monitores debe de ser una mesa que, a partir de las mismas entradas que la mesa de PA, permita dar salida a varias mezclas diferentes para enviarlas a los diferentes monitores. Este tipo de mesas se componen por 3 módulos:

- Módulo de entrada: es donde se encuentran las entradas de la mesa. Cada canal de entrada se identifica con un instrumento y tiene su sección de amplificación, selección de entrada (micro o línea), filtros y ecualización. Aquí se ajusta el nivel adecuado de señal y el grupo al que será enviado.

- Módulo de grupo: es donde llegan las distintas señales de las entradas formando diferentes grupos identificados por el nombre del músico. Las señales que llegan a cada grupo dependerán de las necesidades del músico. La salida de grupo proporciona una mezcla de las entradas enviadas a ese grupo que puede ir tanto a los monitores de cada músico como a la salida master. Aquí es donde se realiza la ecualización con el principal propósito de evitar la realimentación acústica entre micrófonos y monitores.

- Salida principal: las mesas de monitores disponen de una salida general o salida master, para realizar grabaciones o ser utilizada principalmente por el técnico de monitores, para poder escuchar en cada momento la señal que reciben cada uno de los músicos.

3.2.2.1 CONTROLANDO LOS MONITORES

A continuación se explican algunas maneras de obtener un buen control del sonido de monitorado. Ocuparse de la mezcla de monitorado de una mesa típicamente sencilla no es demasiado complicado si los requisitos son simples; un envío hacia tres cuñas por ejemplo. Si el sistema es más grande y con más prestaciones, pueden empezar los problemas. Incluso con un envío y tres cuñas no siempre es tan fácil. Hay varios factores a tener en cuenta:

- Cualquier cambio de la ganancia del canal de control supondrá el mismo cambio de ganancia en los monitores. Por ejemplo, acabas de configurar el monitor del cantante y se oye bien en el escenario y no hay feedback. La banda empieza a tocar y te encuentras con que el cantante empieza a cantar más bajo de lo que se pensaba e incluso subiendo a tope el fader del micrófono del cantante, sigue sin haber nivel de voz suficiente en la mezcla. Si aumentas la ganancia del canal para subir las voces, aumentarás también la ganancia del monitor en la misma cantidad, lo que supondría llevar al monitor al umbral de feedback. Lo que se puede hacer es disminuir gradualmente el envío de monitorado a la vez que se sube la ganancia del canal.

- En la sección de mezcla de la consola, observamos a los envíos pre-fader, que son desde donde se maneja el monitorado. Idealmente deberían no ser sólo pre-fader si no pre-ec también, pero esto no suele ocurrir así que volvemos al problema anterior. Cualquier cambio en la ecualización del canal del la mezcla principal supondrá un cambio en la ecualización del monitorado lo que puede originar fácilmente feedback.

En ambos ejemplos nos enfrentamos al mismo problema, el sistema de sonido principal. Esto supone que el sistema esté controlado por el sonido del sistema de monitorado cuando uno no se atreve a realizar los cambios necesarios.

3.2.2.2 FUNCIONAMIENTO

Al igual que la mesa de mezclas principal, la mesa de monitorado se conecta a través de un arnés (conjunto de cables agrupados) a una pequeña caja que se sitúa en el escenario que hace de matriz de conexionado para facilitar dicha función.

En teoría, la mesa de monitorado deberá tener el mismo número de canales que la mesa principal, pero esto es muy poco corriente y se puede realizar un buen monitorado con algunos canales menos. Por ejemplo, de la batería sólo es esencial el bombo y la caja, por lo que puedes reducir aquí el número de canales. Los otros canales esenciales son el bajo, la guitarra, teclados y las voces. Con una mesa de 12 canales es suficiente para realizar un buen monitorado, aunque entre más canales más flexibilidad y facilidad tendrás al hacer la mezcla.

Una mesa de monitores no suele tener un fader principal para manejar cada instrumento en el caso de que requiera más de un canal pero utilizando los envíos auxiliares podrás controlar el nivel total de cada instrumento.

En la mesa, cada grupo de envíos debería tener su propio ecualizador, luego su propio amplificador y su altavoz, cuña, sidefill o monitor de batería correspondiente.

La mesa de monitores debe tener como mínimo 4 envíos separados, aunque dependiendo del tamaño de la mesa suele tener entre 6 y 16. Lo que se pretende es que cada músico, si lo necesita, tenga una mezcla diferente en su monitor ya que dependiendo del instrumento, se necesita escuchar más a unos músicos que a otros.

3.2.2.3 DIFERENCIAS ENTRE MESA DE MONITORES Y MESA DE PA

A pesar de que en muchos casos, y debido al presupuesto o a las dimensiones del espectáculo, se realice la mezcla de los monitores en la mesa de PA por ausencia de mesa para monitorado. Ambas mesas poseen varias diferencias pues sus propósitos son bien diferentes.

En primer lugar, es conveniente pero no necesario que la mesa de monitores tenga las mismas entradas que la de PA. No debe ser un gran problema que tenga menos entradas ya que para los músicos no es necesario oír absolutamente todas las señales de audio. Como sabemos, la función de la mesa de PA es proporcionar a los altavoces del PA una única mezcla estéreo que irá dirigida al público por lo que posee una única salida master L-R. En ella, los subgrupos se utilizan para hacer pequeñas premezclas o para introducir más instrumentos en caso de no tener más entradas, por lo que no suele tener demasiados subgrupos. Por el contrario, la mesa de monitores tiene una mayor cantidad de subgrupos y un mayor control sobre ellos para poder realizar diferentes mezclas en cada uno de ellos. Para dar salida a cada una de las mezclas, la mesa de monitores posee un gran número de salidas, teniendo también la salida master que tiene la mesa de PA.

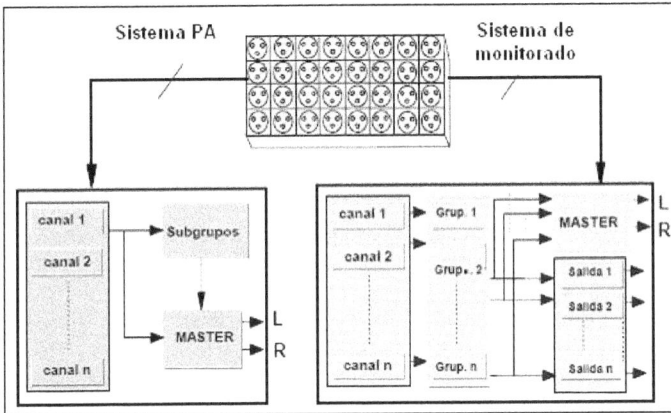

Figura 3.11 Diferencias entre mesas de monitorado y PA

3.2.3 Racks de monitores

Al igual que en el sistema de PA, en el sistema de monitorado existen racks con diferentes dispositivos con funciones muy parecidas a los del PA y hacen que el sistema funcione y se perfeccione. Los diferentes racks son:

- Rack de potencia

- Rack de efectos

- Rack de dinámica

3.2.3.1 RACK DE POTENCIA

Su función es la de amplificar, de la forma más fiel posible, la señal que reciben, y con la mínima distorsión. En una amplificación para monitores lo normal es utilizar entre 3.000 y 15.000 W, para actuaciones no muy espectaculares, ya que en este caso podríamos llegar incluso a los 30.000 W o más. Dispone de un patch de conexiones de entradas y salidas íntegramente realizado en conectores XLR y actualmente también con salidas por conector speak-on (NL4).

Cuando las cajas que han de alimentar son biamplificadas deberán de disponer de un elemento de corte (su función es similar al crossover) y ecualización en los casos que sea necesario. Por ello muchos fabricantes equipan sus etapas con la posibilidad de conmutar un filtro interior o bien de un elemento externo que se pueda conectar directamente a la etapa.

3.2.3.2 RACK DE EFECTOS

Posee diferentes dispositivos que producen diferentes efectos en la señal. Los efectos más utilizados en el monitorado son:

- Excitadores aurales: se utilizan para añadir armónicos a una señal.

- Cambio de tonalidad o pitch: se utilizan para hacer pequeñas correcciones de afinación.

- Se suele usar una reverberación conjuntamente para las voces y otra, al menos, para los instrumentos.

3.2.3.3 RACK DE DINÁMICA

Incorporan normalmente tantas o más puertas de ruido que en la mesa de FOH. Mientras que en la mesa de FOH se hace principalmente uso de las puertas para obtener unas señales limpias y a ser posible sin ambiente de escenario y diafonías de otros instrumentos. En la de monitores, su uso se orienta a evitar la realimentación y si acaso, en determinados instrumentos, a evitar el filtro peine que se produciría como resultado de la captación de esa misma fuente sonora desde dos puntos físicos distintos.

3.3 CONTROL FOH

Uno de los subsistemas más importantes para una sonorización en directo es el control FOH (Front Of House). Este subsistema es básicamente la zona de mando o control donde se realizan los ajustes técnicos para el tratamiento y enrutamiento de las diferentes señales de audio. Esta zona de control se suele situar enfrente del escenario entre al audiencia o detrás de ella, dependiendo de la envergadura del evento, para que el técnico de sonido pueda escuchar el mismo sonido que el público. Normalmente se sitúa a una distancia del escenario dos veces el ancho del mismo.

El control FOH puede estar formado por una gran cantidad de equipos dependiendo del tamaño y prestaciones del concierto. En los conciertos pequeños, la mesa del FOH suele controlar tanto el sonido del PA como el sonido de monitorado e incluso la iluminación del escenario. En cambio, en conciertos de dimensiones más grandes, del monitorado se encargará otra mesa distinta de la mesa FOH.

La posición del FOH es muy importante. Se debe situar en una posición equidistante a las dos torres de sonido formando un ángulo de 45° entre ellas para una escucha correcta. También se suele elevar del suelo un poco pero nunca superando el medio metro. No se dispondrá de coberturas laterales o entoldados pues falsearán la percepción auditiva.

Figura 3.12 Posición del control FOH en un concierto

En el control FOH se realiza la mezcla de todos los sonidos que alimentará al sistema de PA, y este se compone de:

- Mesa de control de sonido PA

- Sistema de alimentación de la mesa

- Rack de control de PA

- Rack de efectos

- Rack de dinámica

3.3.1 Mesa de mezclas

Todas las señales que provienen de un micrófono, una caja de inyección o de una salida de línea deben integrarse en una sola, consiguiendo unos parámetros eléctricos mínimos adecuados para atacar las etapas de potencia a la par que consiguen cierto elemento artístico sonoro, ya sea con el objetivo de "gustar" al público o además, como suele ser habitual, corregir las aberraciones acústicas de un lugar en concreto. Cuando una señal llega a nuestra mesa es preparada, procesada, ecualizada, redirigida, nivelada y sumada. Cada uno de estos procesos define a grandes rasgos la personalidad y calidad de una mesa de sonido en concreto (aunque también definen el precio). Así pues, podemos diferenciar distintas partes dentro de la mesa de mezclas:

- Entradas

- Ecualización

- Redirección

- Asignación y volumen

3.3.1.1 ENTRADAS

En el mundo del sonido profesional en directo existen dos tipos básicos de conexión: XLR (Canon) y TRS (jack). Normalmente las señales balanceadas nos llegan vía canon, mientras que los retornos de línea (lectores de CD, retornos de efectos, etc.) lo hacen vía jack. Es por ello por lo que la gran mayoría de mesas incluyen entradas XLR para la mayoría de los canales y jack para algunos canales estéreo (como los retornos directos). Las mesas de sonido de mayor precio y prestaciones pueden llegar a incluir un par de conexionado (XLR y jack) para cada canal, solventando así la decisión para el técnico correspondiente.

Normalmente estas conexiones quedan ocultas en la parte posterior de la mesa, pues una vez conectados todos los cables, se supone que es mejor salvaguardar su acceso y protegerlo de cualquier manipulación no deseada. Así mismo, cada canal suele incluir una toma de insert (uno en el caso de salida jack estéreo, dos en el caso de utilizar un jack para el envío y otro para el retorno). Las entradas insert nos permitirán insertar justo después del previo de canal un procesador de dinámica (normalmente compresores, expansores o puertas de dinámica). También son útiles para insertar un previo independiente de mayor calidad al propio del canal de la mesa, por lo que, al entrar la señal por el retorno de insert, saltamos el previo de canal.

3.3.1.2 ECUALIZACIÓN

Quizás sea la parte más crítica del proceso. Partiendo de una base, un ecualizador es un conjunto de filtros que separa el rango de frecuencias en distintas bandas, permitiendo aplicar ganancia o atenuación a cada una de ellas. Las características de un ecualizador son el número de filtros (número de bandas de frecuencia) y los parámetros que te permite variar. Éstos forman una parte esencial en las mesas de mezclas y suelen ser independientes para cada canal. Lo ideal sería que cada canal incluyera un ecualizador de 32 bandas de frecuencia, pero el coste económico, físico y práctico de tal objetivo sería una barbaridad. Primero, porque los desfases temporales que supondría tal invento convertiría en un desastre una solución ideal. Pero también porque no siempre es necesaria una ecualización tan precisa. Además, el coste económico sería prácticamente imposible de asumir y no sería rentable. Por eso se utilizan, normalmente, cuatro cortes de frecuencia. Los ecualizadores pueden ser de dos tipos atendiendo a los parámetros que te permite modificar. Los ecualizadores lineales sólo permiten darle ganancia o atenuación a una frecuencia determinada, es decir, los filtros ya están prefijados a una determinada frecuencia; en cambio, los ecualizadores paramétricos permiten elegir la frecuencia donde queremos ejercer la atenuación o la ganancia deseados, es decir, decidir en qué frecuencia va a actuar el filtro. Como es de suponer, la segunda opción suele ser más cara que la primera, y a partir de aquí cada fabricante emplea una u otra, o una combinación de ambas. A un nivel económico medio es fácil encontrar una ecualización de cuatro bandas con dos cortes fijos y dos cortes paramétricos. Otros modelos incluyen cinco cortes, otros seis, etc. También hay mesas que te permiten variar otros parámetros de los filtros como son el factor Q (también llamado factor de selectividad, nos índica lo selectivo que es el filtro para el rango de frecuencias cercanas a la frecuencia central), o filtros pasa-altos o pasa-bajos adicionales, incluso variables en frecuencia.

En definitiva, al pasar la señal de audio que viene del escenario por los ecualizadores, podremos variar sus características, en cuanto a frecuencia, según nos convenga y así mejorar, en caso de un buen manejo de los ecualizadores, la señal final que irá destinada al público. Entre muchas opciones, podremos subir los agudos en una voz que tenga carencias en dicho rango o dotar de una mayor presencia de graves en el bombo de la batería para darle más fuerza a la pegada.

Como es habitual utilizar uno o varios procesadores de efectos (retardos, reverberaciones, etc.) en estéreo o reproductores de CD, disco duro, etc., muchos fabricantes ya incluyen dos, cuatro o seis canales estéreo, es decir, un canal "físico" que representa dos canales de línea. Estas señales no suelen necesitar ecualizaciones dramáticas, por lo que es normal que cambien su condición estéreo por un ecualizador no paramétrico de cuatro bandas.

3.3.1.3 REDIRECCIÓN

Después de haber conseguido tener cada señal en su canal con el nivel correspondiente y de haber sido ecualizadas cada una de ellas según el criterio del técnico, la mesa también nos permite la posibilidad de introducir efectos, puertas de ruido, compresores y, en definitiva, hacer cualquier modificación a la señal de sonido de un canal o de varios canales a la vez. Todo esto es posible gracias a los envíos auxiliares, sección que viene señalizada en la mesa como AUX. Los envíos auxiliares son una serie de potenciómetros independientes para cada canal, cuyo número depende de tipo de mesa, que enviarán, es decir, re-direccionarán la señal de su respectivo canal con un determinado nivel a un master de auxiliares, que es independiente de la mezcla principal y controlará el nivel de la suma total de señales que hayan sido re-enviadas a dicho master. Por ejemplo, si tengo una mezcla con 8 canales y en los canales 1, 2 y 3 doy nivel al AUX1 y en los canales 3, 4 y 5 doy nivel al AUX2. Tendré un MASTER AUX 1 que controlará el nivel de la suma de los canales 1, 2 y 3 que enviaremos a un procesador de efectos, por ejemplo, y un MASTER AUX 2 que controlará el nivel de la suma de los canales 3, 4 y 5 que enviaremos a una puerta de ruido, por ejemplo. Las señales de salida del procesador de efectos y la puerta de ruido las conectaremos a la entrada de los canales 7 y 8 respectivamente.

Los potenciómetros pueden ser "pre-auxiliares" o "post-auxiliares". En los post-aux, el nivel de señal que se re-envía, a parte del nivel que se seleccione en el potenciómetro (post-aux), también dependerá del nivel que se tenga en el fader de dicho canal. En el caso de los pre-aux, el nivel de señal que se envía al subgrupo sólo depende del nivel seleccionado en el potenciómetro (pre-aux) y será totalmente independiente del nivel del fader. Por ejemplo, como suele ser en muchísimos conciertos, si tenemos que realizar los envíos de monitor desde la mesa de FOH, nos interesará utilizar los envíos auxiliares en "pre", es decir, independientes al nivel del señal de cada canal. Así, aunque tengamos la caja de la batería casi "muteada" (silenciada), se puede enviar poca señal al efecto, manteniendo intacto el nivel de señal que enviamos al monitor del batería. En el mercado encontraremos mucha variedad en la sección de auxiliares. Algunas mesas permiten indicar a cada auxiliar si debe ser post o pre; otras agrupan los cuatro primeros en pre y los cuatro siguientes en post. Hay mesas con cuatro envíos, otras con doce, etc. Sin duda, entre más auxiliares tenga la mesa, mayor número de re-envíos se podrá hacer, pero también encarecerá bastante el producto. Con lo cual, es importante saber la utilidad que le vamos a dar a la mesa para no tener auxiliares de más ni de menos.

3.3.1.4 ASIGNACIÓN Y VOLUMEN

La etapa final de trabajo es la más sencilla de todas. Consta de un potenciómetro lineal, llamado fader, de mayor o menor recorrido (aunque siempre logarítmico) por cada canal con el que se selecciona el nivel de salida de señal de ese canal que tendrá en la mezcla final. Si hemos realizado todos los pasos bien, cuando situemos este fader lineal a 0 dB deberíamos enviar una señal calibrada a 0 dB a la mezcla final. Normalmente, junto a este fader encontramos dos grupos de botones o conmutadores. Uno nos permitirá seleccionar dónde enviar la señal hacia la mezcla final, si a L (lado izquierdo) o a R (lado derecho) y el otro es el mute, que permite silenciar en la mezcla final dicho canal. Además de estos botones, las mesas suelen venir provistas de otros botones numerados que son la asignación a subgrupos. Aquí introducimos el concepto de subgrupos, que no es más que la posibilidad de poder agrupar un conjunto de canales (los que se seleccionen), realizando una pre-mezcla que podremos controlar con un solo fader. Por ejemplo, nos puede interesar poder controlar con un potenciómetro lineal los ocho canales de una batería. Así, cuando nos interese bajar o subir sólo el nivel de todos los canales de la batería a la vez, bastará bajar o subir el fader del subgrupo correspondiente, en vez de hacer lo mismo con cada canal por separado. En la sección de subgrupos, a parte de tener un fader para controlar el nivel total, también pueden disponer de conmutadores de muteado, que funcionan para el mismo principio. En vez de tener que mutear canal por canal, es posible que la mesa de control nos permita asignar al grupo de canales que queramos mutear con un único botón para su muteado absoluto. Finalmente, tenemos los dos últimos potenciómetros correspondientes al envío de las señales master L y R. Con ellos podremos controlar con más o menos precisión el nivel de salida de nuestra mezcla.

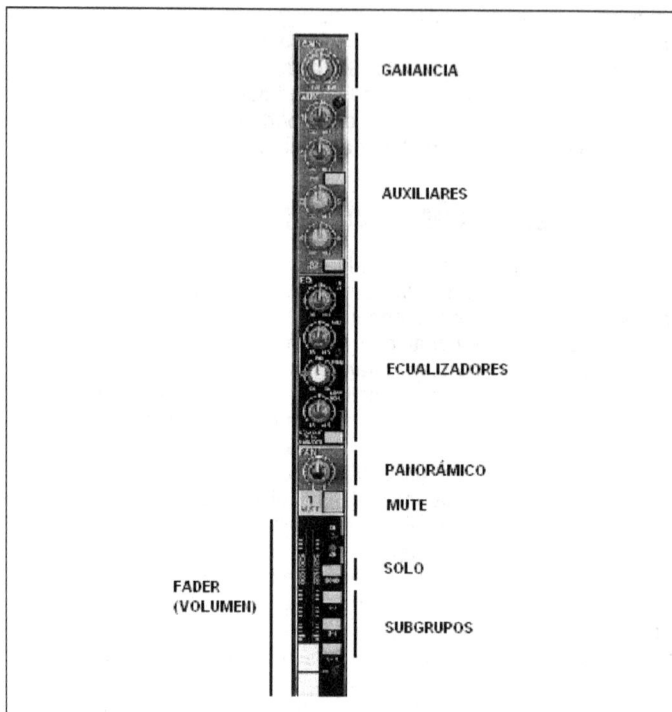

Figura 3.13 Partes de un canal de una mesa de mezclas

3.3.1.5 MESAS DIGITALES

A parte de las características intrínsecas de una mesa para sonido en directo, éstas se pueden dividir en dos grupos según la tecnología que utilicen, analógica o digital. Mientras que las mesas analógicas, como las de los ejemplos, tienen todas sus características mencionadas de forma física por así decirlo y trabajan con una señal analógica, las mesas digitales trabajan internamente con una señal digitalizada y las funciones de la mesa se verán a través de una pantalla y se podrán manipular, a través de un ratón o similar, las diferentes opciones de la mesa.

Las mesas digitales, aunque tengan las mismas prestaciones que una mesa analógica, tienen un funcionamiento interno diferente a las analógicas ya que trabajan con señal digital y por tanto están compuestas por diferentes dispositivos:

- CAD: es un convertidor analógico-digital que se encarga de digitalizar la señal de audio analógica.

- DSP: se encarga del procesado digital de la señal, es decir donde se produce digitalmente cualquier operación que se haga con la consola.

- CONTROLADORA: es el conjunto de controles (potenciómetros, faders…) que varían los diferentes parámetros de la señal de audio dando órdenes a la DSP de forma externa. Es la parte de más coste de la consola.

- CDA: es un convertidor digital-analógico que permite obtener una señal de audio analógica para así poder ser escuchada.

3.3.2 Rack de control

El rack de control de PA es el conjunto de dispositivos de donde saldrá la señal más fidedigna de lo que se va a reproducir en el PA ya que el rack de control es la última parada antes de ir a las cajas acústicas que forman el sistema de PA. Está formado por el rack de efectos, el rack de dinámica y el rack de potencia teniendo cada uno de ellos funciones diferentes. Los elementos más importantes son el crossover y el ecualizador, pudiendo estar compuesto también de un reproductor de CD, platinas de cassettes, etc.

El crossover te permite hacer un ecualización para equilibrar las vías pudiendo enmudecer todas o cada una de las vías que se quiera. Esta característica permite localizar con más facilidad un problema en una caja de tipo eléctrico o acústico.

Es posible encontrarse con cajas que lleven incorporada su etapa de potencia y su crossover, lo cual asegura un perfecto conexionado y por lo tanto una mayor fiabilidad.

3.3.2.1 RACK DE EFECTOS

Este es el módulo donde se encuentran todos los dispositivos que puedan modificar las características de cualquier señal de audio, es decir, los procesadores de efectos. Hay una gran variedad de procesadores y una inmensa cantidad de efectos pero los principales son:

- Reverbs: aplican reverberación a la señal. Suelen ser adecuadas para voces, teclados y a veces batería.

- Ecos o delays: aplican repeticiones a la señal. Suelen ser adecuadas para voces y guitarras.

- Sintetizadores de armónicos y subarmónicos: simulan electrónicamente los armónicos de un instrumento.

- Chorus: efecto que da sensación de coro a un instrumento o voz.

Estos efectos se pueden encontrar por separado en dispositivos con un solo efecto, los cuales suelen tener varias entradas y salidas, y muchas posibilidades de ajustar las características del efecto o en un solo dispositivo que alberga una gran variedad de efectos de todos los tipos, pudiendo también modificar las características del efecto, aunque con menos posibilidades.

3.3.2.2 RACK DE DINÁMICA

Como su propio nombre indica, el rack de dinámica es el módulo donde se encuentran los procesadores de dinámica. Los procesadores de dinámica son dispositivos que modifican la dinámica de la señal original mezclándola con una señal externa. Los procesadores de dinámica, al igual que los de efectos, suelen tener varias entradas y salidas, y pueden estar especializados en un solo tipo de procesador o tener varios tipos de procesadores en un mismo dispositivo. Los procesadores más importantes son:

- Puerta de ruido: para la sonorización de la batería.

- Compresores y limitadores: para los elementos de más dinámica de la batería y para las voces.

Es recomendable aplicar estos procesadores a cada canal de la mesa de mezclas por separado y no a subgrupos o al master.

3.3.2.3 RACK DE POTENCIA

En este módulo se encuentran los dispositivos que darán alimentación eléctrica a todas las cajas acústicas del sistema de sonido. Estos elementos electrónicos son las etapas de potencia. Las diferentes etapas de potencia que pueda tener un rack no tienen por qué ser exactamente iguales y ser de la misma potencia, aunque la ganancia de 32 dB es la más aceptada por Europa. Normalmente, las diferentes vías de cada caja trabajan a impedancias diferentes, por lo que conviene tener una gran relación de etapas de potencia con diferentes impedancias en función de las diferentes vías, ya que conectar cajas acústicas y etapas de potencia con impedancias diferentes puede dejar inservible a ambos dispositivos. Trabajar con diferentes dispositivos con diferentes impedancias significa homogenizar el equipo, es decir, compensar las diferentes sensibilidades de las vías y así no se desperdicia potencia.

3.3.3 Conexionado

El conexionado de todos los equipos que componen el control FOH es una ardua tarea que requiere especial atención y el seguimiento de una serie de pasos para evitar que se produzcan errores o averías en los dispositivos. Los pasos son los siguientes:

1. Asegurarse de que todos los amplificadores están apagados y desconectados.

2. Conectar la alimentación de las mesas y de los racks de efectos.

3. Esperar 10 seg y conectar el rack de potencia.

4. Conectar los amplificadores uno tras otro con un margen de 5 seg entre cada uno.

5. Comprobar que funcionan correctamente los ventiladores de todos los equipos.

6. Suministrar potencia eléctrica a los amplificadores con poco nivel. Si todo funciona bien, aumentar el nivel.

3.4 ESCENARIO

El escenario es el emplazamiento o estructura donde se sitúan los músicos y sus instrumentos para realizar su actuación y, además, donde se dispone parte del sistema de refuerzo sonoro. Este elemento no afecta a la calidad del sistema de sonido pero es necesario en una actuación en directo ya que sitúa a los músicos en una posición más elevada que el público para que puedan ser vistos por todo el público asistente y también puede ejercer de soporte a elementos del sistema de sonido, del sistema de iluminación, pantallas o efectos especiales. En un concierto, no sólo importa el sonido que emite la banda. La parte visual es muy importante e influye en la opinión que tendrá el público sobre el espectáculo ofrecido. Por tanto, se puede decir que el escenario tiene una doble función. Por un lado, dar un impacto visual al público para dar una mejor imagen de la banda, y por otro dar espacio a los elementos del sistema que necesiten situarse cerca de los músicos.

Como es lógico, el escenario es una cuestión totalmente de presupuesto. Desde pequeños pubs que ya disponen de un pequeño escenario donde la banda tiene que acoplarse y distribuirse como pueda, a escenarios gigantes con todo tipo de elementos y efectos visuales diseñados especialmente para las grandes bandas. El tamaño debe ser proporcional a la cantidad de público que vaya a asistir, y lo más importante, debe de disponer del suficiente espacio para que cada uno de los músicos de la banda pueda actuar, aunque esto no es siempre posible.

Normalmente y dependiendo del presupuesto del concierto, en el escenario se dispondrán un gran número de elementos que ocuparán un lugar preestablecido. Su colocación debe de ser muy precisa para facilitar la labor del ingeniero y así evitar la aparición de fallos. En lo que al sistema de sonido se refiere, en el escenario se sitúa:

- Los instrumentos de la banda: batería, teclados, guitarras…

- Los amplificadores de los instrumentos.

- Micrófonos para las voces y para los instrumentos.

- Monitores: cuñas, sidefill y drumfill.

- Mesa y racks de monitorado.

- Cableado.

- Cajas de inyección.

- Otros dispositivos que utilicen los músicos: pedales de efectos…

Para que el técnico sepa cuál va a ser la distribución de todos estos elementos se hace un dibujo llamado *stage plot.* Es un plano en planta del escenario donde se indica la distribución de estos elementos, marcando la zona de cada músico y el instrumento que utiliza. Una vez distribuida la zona de los músicos, se distribuye la zona de cableado, tanto de audio como de corriente, que bordea el escenario intentando dejar el mayor espacio posible en el centro del escenario. Para finalizar se conecta la microfonía, dispuesta según las características de cada micrófono.

3.5 PROBLEMAS EN EL SISTEMA DE SONIDO

En este apartado se comentan diferentes tipos de problemas que pueden surgir a la hora de instalar y configurar un sistema de refuerzo sonoro para una actuación. Por supuesto, en un evento de este tipo cualquier imprevisto puede ocurrir, aunque es lógico que cuanto mejor se organice, menos improvistos o problemas aparecerán. De entre todos los problemas que puedan surgir, he seleccionado los más habituales y los he agrupado en 3 apartados diferentes: los problemas a la hora de configurar el sistema, el ruido eléctrico que se nos puede colar en el sistema y las cancelaciones acústicas que se pueden producir entre altavoces.

3.5.1 Problemas en la configuración del sistema

No puedo conseguir suficiente nivel en las voces, la banda esta enmascarándolas y el sistema distorsiona

La causa más común que origina este problema es que tienes un sistema muy pequeño para un sitio muy grande. Otra de las razones por las que suele ocurrir esto es porque se ha hecho un mal reparto de la ganancia; si llevas cada canal a la marca de 0 dB en el medidor PFL/SOLO cuando estás configurando los canales, esto puede suponer que aparezca una señal de alto voltaje (32 V aprox.) en la sección de master, lo que pondrá a prueba la capacidad de margen dinámico de la consola. Las posibles soluciones son:

- Baja el nivel de los instrumentos. Es algo obvio, y que no siempre es posible si quieres mantener un sonido fuerte, pero puede que necesites disminuir un poco los niveles.

- Si el golpeo de bombo de la batería está ahogando todo, bájalo un poco.

- Si tienes muchos bajos en algunos canales o instrumentos que no necesitan tantos bajos, redúcelos ya que las bajas frecuencias demandan mucha potencia del sistema. En esta situación puedes desprenderte de los bajos de guitarra, voces y teclados para mantener un mínimo de bajos en los que el bombo y el guitarra-bajo sobrevivan.

- Si no hay suficiente ganancia en el canal del cantante o hay mucha y está distorsionando. Corta los bajos y los medios-bajos y sube los medios-altos y los altos con mucho cuidado. Luego escucha y comprueba si ha mejorado.

En el caso de que estas sugerencias básicas no funcionen, podemos intentar probar algo más complicado:

- Haga más pronunciada la compresión, por ejemplo de 4:1 a 10:1. Esto conseguirá cortar cualquier pico que se produzca y podrás aumentar el nivel de salida del compresor. Ajusta el umbral del compresor cuando la banda esté tocando sin voces, quedando así el nivel de la banda como umbral.

- Cuando las voces entren, el nivel de entrada del compresor superará el umbral y empezara a comprimir. Por consiguiente, el compresor comprime los instrumentos y las voces saltan para llenar el espacio y se ponen por encima de los instrumentos.

En otras palabras, este proceso consiste en conseguir que tu sistema de PA dé el 100% en los instrumentos y que cuando aparezcan las voces, se bajen los instrumentos para así seguir teniendo en conjunto el 100% de potencia que puede dar el sistema de sonido. No es muy complicado si lo trabajas, simplemente se trata de controlar el nivel de una señal, la de los instrumentos, con otra, la de la voz.

Hay que estar atento a los niveles de salida del master al terminar cada canción para parar la ganancia extra que da el compresor que hará que se produzca realimentación. Este proceso se llama ducking y se usa mucho en anuncios de televisión y radio. Escuchando un poco se puede observar como la música se baja cuando aparece la voz del anunciante.

Los monitores no se oyen lo suficiente

Este es uno de los más típicos problemas a los que se suele enfrentar el ingeniero de sonido en las actuaciones en vivo, ya que al intentar aumentar el nivel de los monitores aparecerá un sonido muy agudo y chirriante debido al acople o realimentación.

Este problema suele ser peor en pequeños escenarios donde hay muy poco espacio entre los músicos y, además, el cantante está pegado al batería.

Antes de intentar solucionar el problema asegúrate de que has hecho todo lo posible para conseguir un mejor ambiente acústico. Poner cortinas gruesas alrededor del escenario, poner al batería más elevado o cambiar la forma de poner los amplificadores puede ayudar bastante. Después de todo esto, éstas son algunas posibles soluciones:

- Si es posible, decirle a la banda que toque más suave. Poco probable pero siempre hay que intentarlo.

- Comprueba que el ecualizador de los monitores esté conectado. Si no tienes un ecualizador independiente aparte del de los monitores, será mejor que consigas uno porque sino, no habrá manera de obtener un volumen considerable en los monitores sin que aparezca la realimentación.

- Si la frecuencia de pico que produce la molestia se sitúa en los graves, baja ligeramente el nivel de la mesa. A continuación sube todas las frecuencias, excepto las que queremos cortar, unos 3 dB o 6 dB si es posible. Con esto conseguimos que la frecuencia de pico caiga 6 dB y que, a la vez, suba el nivel global. Se recomienda bajar las frecuencias por debajo de los 100 Hz, ya que estas frecuencias son inservibles en los monitores de voz y pueden enmascarar las altas frecuencias que son las que dan la información de la voz.

- Otra opción es colocar los monitores del cantante a cada lado del escenario, en una posición elevada para que la fuente de sonido esté a la misma altura que los oídos del cantante. Luego vuelve a realizar la ecualización para esta nueva colocación de monitores. Esto te permitirá subir considerablemente el nivel y mejorar la percepción del cantante.

- Si tus monitores son biamplificados, baja el envío de agudos del crossover unos 3 dB, luego sube los faders del ecualizador de las frecuencias que no están excesivamente cortadas. Si tiene un crossover pasivo, necesitarás tener los altos controlados por resistencias de alta potencia para bajar los niveles para que estén lo más próximos a los graves. Esto más bien es un trabajo para un técnico bastante experimentado.

El monitor de la batería no se escucha bien

Un buen monitor de materia es virtualmente un sistema de PA en sí mismo. Es difícil encontrar el monitor de batería perfecto para cada ocasión y para cada batería. Si suena bien, suele ser muy grande y si suena mal, muy pequeño y tiene componentes de mala calidad en su interior.

Para conseguir un buen monitor de batería deberás tener un amplificador potente (mínimo 300 W 8Ω) y un buen ecualizador. Para obtener un mejor rendimiento se puede hacer lo siguiente:

- La posición es muy importante. Tienes que levantarlo del suelo y acercarlo lo más posible a los oídos del batería.

- Vigila que el micrófono que está en la caja no apunte al monitor. Si apunta a la bocina tendrás problemas con chillidos.

- Se aconseja que el bombo de la batería esté relleno de gomaespuma, sacos de arena o algo parecido que amortigüe el sonido del bombo y no produzca realimentación.

- Para una buena ecualización del monitor de la batería necesitamos un ecualizador aparte. Las frecuencias bajas y medias-bajas son bastante peligrosas, especialmente de los 100 Hz a los 200 Hz y supondrán posibles chillidos en el rango vocal de los medios altos. Configura estas frecuencias lo mejor posible sin miedo a ser drástico con el ecualizador y si lo crees conveniente, puedes hacer sugerencias al batería sobre la afinación de su instrumento.

- Si tienes puertas de ruido, úsalas. Ajustando el umbral puedes evitar que los excesos del boom del bombo se conviertan en realimentación.

La configuración y ajuste del monitor de la batería suele ser complicada, pero ésta aumenta considerablemente cuando el batería quiere cantar y debes configurar el monitor para voces también. Las dos configuraciones, la de la batería y la de la voz, son totalmente distintas y deben acercarse lo más posible. Normalmente las frecuencias que quieres cortar por un lado son las que quieres tener presente por el otro. La manera más fácil de resolver este problema es colocar dos monitores, uno ecualizado para voz y el otro para batería. Comprueba que el micrófono de voz apunta a la boca para que cuando subas las voces no subas la caja a la vez.

Un truco psico-acústico para los monitores de escenario

Si la prueba de sonido no está dando el sonido correcto para la persona que está escuchando el monitor. Baja el nivel del todo mientras dices las clásicas palabras de prueba "check one two". Espera unos segundos y luego vuelve a subirlo lentamente al mismo punto donde estaba. El cambio repentino de mucho volumen a nada producirá un "reset" en los oídos. Al volver al nivel anterior poco a poco, pondrá más atención en la escucha y le parecerá que el nivel es mayor, siendo exactamente el mismo que el anterior. Al llegar al punto de nivel inicial, es muy posible que ahora sí esté contento con el nivel del monitor. Esto parece muy simple pero funciona más veces de las que no funciona, aunque tampoco conviene usarlo demasiado.

¿Qué hacer cuando algo no funciona?

Tarde o temprano siempre hay algo que no funciona en nuestro sistema de PA. Por suerte la mayoría de las veces suele ser algo simple. Un cable mal conectado porque se ha conectado con prisa, un fusible ha saltado o una soldadura que ha fallado son algunas de las muchas cosas que pueden pasar. El equipamiento de la industria de sonido suele ser muy pesado, y llevando y trayendo cosas del camión al concierto, noche tras noche, está predestinado a que algo ocurra. Todo el proceso de carga y descarga se hace muy rápido, por eso las cajas de los altavoces son tan pesadas, porque están construidas para resistir un uso intenso.

Cuando algún problema aparece, es importante recordar que nada funcionará hasta que:

- Se lleva una señal al lugar requerido.

- Se le da potencia a los dispositivos.

- Se encienden los dispositivos.

Si se intuye que algún aparato falla, cámbielo por otro que sepa que funcione para cerciorarse de que es dicho aparato el que está fallando.

Si la música viene de los altavoces de la izquierda pero no de la derecha, cambie los altavoces de la izquierda a la derecha y si sigue pasando lo mismo es que no son los altavoces. Puede parecer de estúpidos este proceso, pero como se ha comentado antes, la mayoría de las veces, la causa del problema es muy estúpida, así que conviene descartar primero todo este tipo de fallos antes de pensar en grandes problemas. Por lo tanto, conviene comprobar primero las conexiones, crossover, ecualizadores, etc. También se puede ir siguiendo el camino que lleva la señal desde su inicio hasta su fin para, así, aislar el problema.

Para comprobar rápidamente los problemas de señales de procesador o el ecualizador, conecta un cable a la entrada y a la salida del dispositivo, uniéndolas. Si no ocurre nada, el dispositivo está bien, pero si de repente funciona algo es que hay algo mal.

Auténticas emergencias

Cuando ocurren emergencias graves durante una actuación tienes que hacer todo lo necesario para que la actuación continúe. Así el ingeniero de sonido y la banda podrán finalizar la actuación con más o menos éxito. Ejemplos:

- Si el amplificador de bajos se rompe → usa el amplificador de medios y pon el altavoz de bajos en rango completo haciendo un by-pass en el crossover. No es que vaya a ser lo mismo pero es mejor que nada. Haz lo mismo si el amplificador o el altavoz de medios se rompe.

- Si la bocina de agudos se rompe → pon la mitad de los medios como medios y la otra mitad como altos. No conectes el amplificador de bajos a la bocina de agudos. Se puede conectar cualquier señal a cualquier tipo de altavoz de graves pero no puedes llevar graves a un altavoz de agudos.

- Si el crossover se rompe→posiblemente puedas usar el ecualizador como un crossover. Usándolo como un sistema de 2 vías, pon los graves a rango completo y los agudos súbelos bastante por encima de 2 Khz y bájalos bastante por debajo de dicha frecuencia. Si no lo haces demasiado abrupto, el sistema deberá sobrevivir a la actuación.

- Es recomendable tener algunos cables que no sean muy comunes para poder conectar dispositivos diferentes si una emergencia lo requiere. Observa tu sistema y piensa en el peor caso posible para saber qué cables deberás tener disponibles si aparece algún fallo.

¿Cómo reconocer diferentes problemas por el sonido?

Al escuchar un sonido agudo y repentino al encender el amplificador, deberás desconectarlo inmediatamente porque significará que el amplificador está conectado a una corriente DC y va directa a los altavoces y podría quemarlos casi instantáneamente. Por eso es recomendable, al encender un amplificador, escucharlo a bajos niveles y comprobar que no suena nada extraño. Un amplificador que se le ha aplicado una corriente DC no se debería utilizar. Debería ser cambiado y reparado por un experto.

Si el altavoz suena como chirriando, es la bobina que está rozando contra el imán. Probablemente sonará bien con poco volumen pero dará unos chirridos molestos cuando suene algún pico de agudos. Deberás arreglarlo lo más pronto posible o la bobina se romperá y el amplificador ya no sonará.

Si al gritar por el micrófono no se oye nada o va ascendiendo desde un sonido suave entonces es probable que sea por una mala soldadura o conexión. Este tipo de problemas son muy difíciles de localizar, pero puedes empezar por el cable del micrófono y el cable del altavoz y rezar porque no sea una conexión interna del micro del amplificador o de la caja del altavoz.

Si algo no funciona después de que hayas encendido el sistema, no te preocupes. Recuerda los 3 pasos que se dieron anteriormente para solucionar problemas. Comprueba que todas las conexiones que recorre la señal desde el micrófono hasta la mesa de mezclas están conectadas correctamente. Primero comprueba las cosa obvias y seguramente te darás cuenta que casi siempre es un fallo humano lo que da el problema y no el sistema.

¿Qué hacer cuando no hay tiempo para una prueba de sonido?

En cualquier tipo de conciertos, giras, etc. siempre ocurren imprevistos que te llevan retrasos irrecuperables que terminan afectando a la prueba de sonido, para la cual se debería disponer de bastante tiempo para poder realizar un buen trabajo. Para ocasiones en las no haya tiempo de realizar una prueba de sonido con garantías, se propone una serie de consejos aproximados de qué hacer en distintas circunstancias.

Si la consola ya está configurada de la noche anterior y fue usted el que usó la consola en la última actuación, no debería haber muchos problemas, ya sabes qué es lo que se ha hecho en la mesa. Si el ecualizador del sistema principal está configurado, simplemente sube los faders de los canales en una posición moderada. Sube primero las voces y luego sube al música pero por debajo de las voces hasta que tengas una idea de cómo reacciona la sala al sistema. Deja una mano cerca del ecualizador gráfico por si hay alguna sorpresa. Si oye que está apareciendo el pitido que produce la realimentación, intenta identificar qué frecuencia lo produce y cortarla para así solucionar el problema antes de que ocurra. Escuche atentamente el problema y observa si es causado por un instrumento sólo, por lo que ajustarás el ecualizador de canal, o si está siendo originado por cualquier sonido que toque esa determinada frecuencia, con lo cual deberás configurar el ecualizador gráfico del sistema. Si eres el ingeniero de monitorado, la habilidad para realizar este proceso es bastante apreciada.

¿Qué hacer cuando la consola no está configurada?

Aquí es donde tendrá un problema realmente importante, pero todavía es posible de superar haciendo lo siguiente:

1.   Baje por completo todos los faders de canal, de grupo y los de master.

2.   Conecte sus cascos.

3.   Empiece a mezclar las voces. Desconecte todos los cables que tenga conectados a las entradas de la consola y conecte el cable del micrófono de voz directamente a la mesa.

4.   Compruebe que el PFL esté en SOLO. Si lo está, suba el canal desde 0 dB hasta ¾ del recorrido total.

5. Pulse el botón PFL/SOLO y hable por el micro. Ajuste la ganancia del canal hasta que la explosividad del "two" (palabra de prueba) haga que el nivel llegue a 0 dB en el medidor PFL/SOLO. Compruebe que suene bien en los cascos también.

6. Desconecte el micrófono de la mesa. Y realice el conexionado necesario para que, situando el micrófono en el escenario, su señal llegue hasta la mesa, al mismo canal donde lo conectó anteriormente como es lógico.

7. Configure el resto de micrófonos de voz con la misma ganancia. Añádale un poco de graves y de medios-graves y ajuste bien los medios-agudos. Si no está muy seguro de hacerlo bien, deje los ecualizadores en un punto medio con los graves un poco bajados.

8. Configure la guitarra con menos ganancia que las voces, más o menos dejándola a la mitad y los ecualizadores todos en punto medio.

9. Con el bajo, si estás usando un DI activo, ajuste la ganancia igual que las voces pero aplíquele el atenuador de 20 dB. Si no hay atenuador, ajuste la ganancia a un nivel bastante bajo. Si está usando DI pasivo, ajuste la ganancia un poquito menos que las voces, dependiendo de cómo toque el bajista y deje los ecualizadores sin alterar. Los teclados se configurarán igual que el bajo.

10. Configure toda la batería con una ganancia bastante baja excepto el hi-hat y el micrófono suspendido (micrófono que se sitúa por encima de la batería para recoger un sonido global), que se les aplicará una ganancia similar a la de las voces. Póngale bastantes medios-graves en la caja y el bombo. En el hi-hat, súbalo todo menos los altos. Deje los timbales pequeños sin tocar y sube un poco los medios-bajos a los timbales más grandes.

11. Ajuste el fader de la voz en la marca de 0 dB y pon las guitarras, bajos y teclados un poco más bajos. Pon también la caja y el bombo a 0dB y el resto un poco por debajo.

12. Compruebe que las asignaciones de grupo están bien y configure los faders de grupo a 0 dB.

13. Consiga a alguien para que suba al escenario y vaya hablando por cada micrófono mientras usted va escuchando cada canal con el botón

PFL/SOLO. No te preocupes por los niveles, por ahora sólo quiere comprobar que todo está bien conectado y llega bien a la mesa.

14. Para estar seguro de que el conexionado está perfecto en los amplificadores y altavoces, enchufe un micro en un canal aparte, suba los faders de los masters derecho e izquierdo suavemente mientras le das unos ligeros golpes en el micrófono a la vez que pones un disco. Si escucha los golpes es que todo está bien. Si no oye nada, compruebe que tiene encendido el ecualizador, el crossover, los amplificadores y que también los tiene subidos y que tiene conectados los altavoces. Cuando lo haya revisado todo, vuelve a hacer el procedimiento del punto anterior hasta que funcione.

Esto es lo que se puede hacer en términos generales cuando tenga que hacer una mezcla de forma rápida y eficaz, pero siempre se puede hacer cambios si maneja bien la consola y lo cree conveniente. Tendrá que configurar los efectos al momento, usando los cascos y los botones PFL/SOLO en los retornos de efecto para poder escucharlos.

Cuando la banda suba al escenario, sube los faders de los masters derecho e izquierdo hasta ¾ del total y cruza los dedos, si has seguido bien los pasos indicados algo tendrá que sonar.

Pero el trabajo todavía no ha finalizado ni mucho menos. En la primera canción deberás hacer lo siguiente:

1. Compruebe y ajuste el nivel de la voz y, si quiere, puede ponerle algún delay o reverb con intención de que la voz se escuche mejor.

2. Compruebe y ajuste el sonido general de la batería. Más tarde podrá hacer algunos ajustes pero, en principio, deje los niveles como se ha indicado anteriormente.

3. Compruebe y ajuste los niveles del bajo y los teclados.

4. Por último, compruebe el nivel de la guitarra y súbala un poco si el guitarrista hace un solo.

3.5.2 Problemas derivados de la toma tierra

La toma tierra es un punto que se toma como referencia para expresar el potencial eléctrico (voltaje). En los sistemas de audio puede haber distintos puntos de referencia eléctrica y éstos son un factor muy importante a la hora de conectar los equipos que se vayan a utilizar en el sistema de refuerzo sonoro. Ciertamente, el tema de la toma tierra se ha convertido en un problema complicado para los técnicos e ingenieros de sonido, pues todos saben más o menos que la toma tierra tiene que ver con la seguridad de los equipos y con la supresión de zumbidos y ruidos pero poca gente sabe cómo configurar adecuadamente un sistema de suministro eléctrico AC y cómo conectar los equipos a su toma tierra para que el ruido se minimice al máximo.

Para empezar es vital tener muchísima precaución y seguir las advertencias que te indique el dispositivo a la hora de manejar el entramado eléctrico para que no se produzca ningún accidente grave.

Es necesario conocer también los diferentes tipos de tierra en el conexionado de un sistema de audio. Hay 3 tipos:

- Toma tierra de señal: es el punto de referencia del cual se obtiene el potencial eléctrico de una parte específica del equipo o de un conjunto de componentes.

- Toma tierra física: es la toma tierra del suelo por así decirlo. Básicamente, es la toma tierra que tiene el enchufe de la pared.

- Toma tierra del chasis: es el punto de conexión al chasis de un componente específico. Suele estar conectada con la toma tierra de señal.

toma tierra del chasis   tierra física   toma tierrade señal

Figura 3.14 Representación de las toma tierra

Cualquier elemento conductor es susceptible de inducir corriente eléctrica de muchos tipos de fuentes, como las emisiones de radiofrecuencia (RF), el tendido eléctrico, motores, etc. Es por esto por lo que los cables de audio están protegidos, para interceptar las posibles emisiones indeseables.

El zumbido del cableado eléctrico AC (corriente alterna) es el problema más común en los sistemas de sonido, y la causa más común de este zumbido es el bucle de tierra. Un bucle de tierra se produce cuando hay más de un camino de conexión a tierra entre dos partes del equipo. El doble camino de conexión a tierra es el equivalente a una antena, la cual coge las interferencias de corriente y la transforma a través del conductor en fluctuaciones de voltaje. Como consecuencia de ello, la referencia del sistema no será por mucho tiempo un potencial estable sino que habrá interferencias. Los bucles de tierra son habitualmente difíciles de aislar, incluso para los expertos en audio. Este tipo de problema puede ocurrir dentro del chasis del equipo, aunque el equipo sea balanceado. En este caso, poco se puede hacer para evitar el ruido.

En la figura 3.15 podemos ver una típica situación en la que se produce el bucle. Dos equipos que están interconectados se enchufan en tomas tierra diferentes y la toma tierra de señal de cada uno está conectada a la tierra física. El duplicado de caminos hacia la tierra física forma un bucle, el cual producirá interferencias. Normalmente, este tipo de bucles no deben causar ruido si:

a)   El circuito está bien balanceado.

b)   La señal de audio se mantiene separados de la toma a tierra del chasis dentro del equipo.

Si no se cumple uno de estos dos casos, en vez de ir directamente a la tierra física y desaparecer, la corriente de ruido del bucle que circula por tierra viajará por los caminos que se supone que no deben de llevar señal. Esta corriente modula el potencial del cableado que lleva señal (sobreponiéndose al audio) produciendo voltajes con zumbido y ruido que no se pueden separar fácilmente de las señal de los equipos. Además el ruido será amplificado al igual que el resto de la señal al pasar por los diferentes equipos.

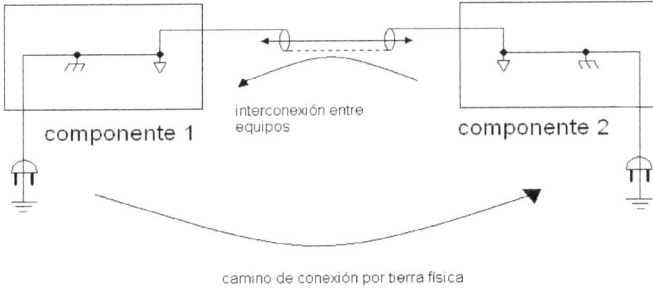

Figura 3.15 Conexión con bucle entre dos componentes

Hay varias maneras de realizar el conexionado a toma tierra de un sistema de audio. Cada una de ellas tiene ventajas específicas en diferentes tipos de sistemas, algunas de las cuales se explican a continuación.

Punto de tierra único

En la figura 3.16 podemos ver cómo se resuelve el problema de la toma tierra a través de un punto único de tierra. Los puntos de tierra del chasis de cada componente se conectan por separado a tierra física, las toma tierra de señal de cada componente se conectan entre sí y éstas, a un solo punto de tierra física. Esta configuración es muy efectiva para eliminar el zumbido de frecuencia de línea y el ruido de interruptor, y es más fácil de implementar en sistemas que se mantengan fijos, como en un estudio de grabación. Para un sistema de refuerzo sonoro es bastante difícil realizar este conexionado.

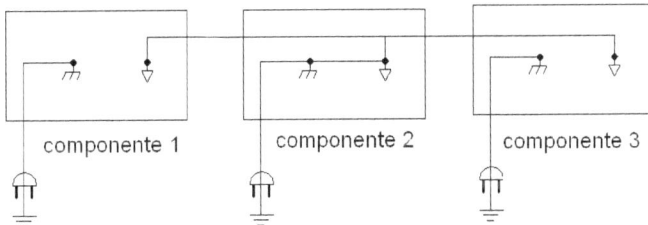

Figura 3.16 Conexión con punto de tierra único

Múltiple punto de tierra

En esta configuración se conectan, al igual que en la anterior, todas las toma tierra de señal entre sí, pero éstas también se conectan cada una a una tierra física diferente, por lo que tendremos múltiples puntos de toma tierra. Este conexionado es común en los sistemas que usan equipos no balanceados que tienen conectados la toma tierra de señal con la del chasis. Esto supone una gran ventaja, pues realizar el conexionado se convierte en una tarea muy fácil, aunque no es muy fiable si la configuración del conexionado del sistema cambia habitualmente. Por el contrario, este sistema de configuración en equipos balanceados tiende mucho a producir el bucle de toma tierra, por lo que pueden aparecer y desaparecer zumbidos y ruidos al quitar o cambiar piezas de los equipos. En cambio, si los equipos emplean circuitos balanceados propiamente diseñados, no tendrán especiales problemas de ruido.

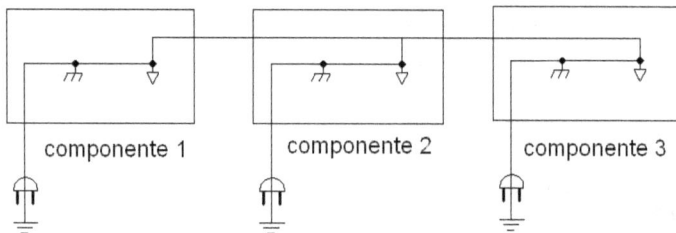

Figura 3.17 Conexión con múltiple punto de tierra

Punto de tierra flotante

En este sistema de configuración de toma tierra, las tomas tierra de señal están completamente aisladas y conectadas entre sí. Este conexionado es muy útil cuando el sistema de tierra física lleva un ruido destacable, aunque depende bastante de la capacidad de los equipos para rechazar interferencias producidas por los cables en las entradas.

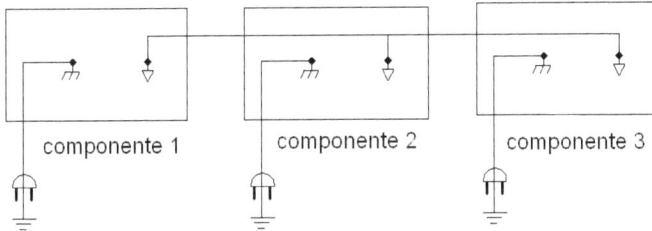

Figura 3.18 Conexión con punto de tierra flotante

Es importante saber que el motivo por el cual un equipo debe de estar bien conectado a tierra no es principalmente para prevenir que entren ruidos dentro del sistema sino que es por seguridad. Una conexión a tierra adecuada puede prevenir descargas letales de electricidad.

3.5.3 Cancelaciones acústicas

Desde los principios de la música en directo, existe un fenómeno acústico que se produce, en mayor o menor medida, en todos los conciertos en vivo. Este fenómeno acústico perjudicial para nuestro sistema es la cancelación acústica.

Las cancelaciones acústicas se producen cuando llegan a un mismo punto señales idénticas, en un principio, pero que han recorrido caminos diferentes. Al interaccionar dos señales, se producen una "suma" o una "restas" de ambas señales dependiendo de su frecuencia y su fase, dando lugar a una respuesta en frecuencia con valles (resta) y crestas (suma), llamado filtro peine o comb filtering. Al tener el oído humano una respuesta logarítmica a los sonidos, se puede observar cómo el filtro se hace más estrecho en las frecuencias altas.

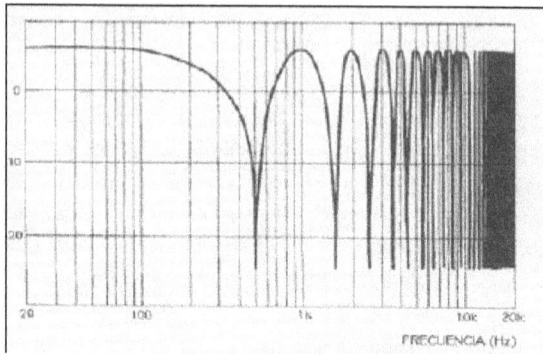

Figura 3.19 Respuestra en frecuencia tipo filtro peine o comb filtering

Hay una gran variedad de maneras por las cuales las cancelaciones pueden introducirse en nuestro sistema, aunque el resultado final que se produce será siempre el mismo: una pérdida en la relación señal/ ruido (S/N) y una coloración en la respuesta en frecuencia. Las cancelaciones acústicas pueden ser producidas por:

- Reflexiones

- Interacción entre cajas acústicas

- Interacción entre señal directa y de micrófonos

- Interacción entre micrófonos

En estos casos, de naturaleza diferente, que dan lugar a cancelaciones acústicas, aparecen 2 posibles factores como denominador común que son los culpables de dicho suceso:

- Retardo de tiempo relativo

- Desajuste de nivel relativo

Retardo de tiempo relativo

Es la diferencia de tiempo de llegada de dos señales iguales a un mismo punto que parten de puntos diferentes, lo cual produce también una diferencia en la fase. Un claro ejemplo se produce cuando el punto de recepción acústica no está a la misma distancia de dos altavoces. Los altavoces emitirán una señal idéntica, pero una de las señales llegará antes ya que el camino recorrido es menor, lo que se convierte en una diferencia de tiempo en la llegada de las dos señales.

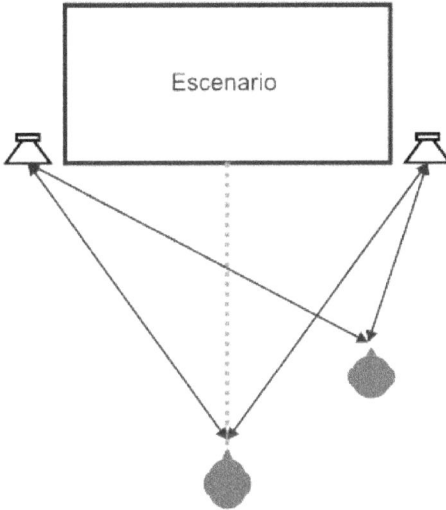

Figura 3.20 Diferencias en la distancias recorridas

Esta diferencia de tiempo produce el nombrado filtro peine o comb filtering en la recepción de las señales, en el que unas frecuencias se verán reforzadas y otras canceladas. Siendo el time offset la diferencia de tiempo entre las dos señales y comb frecuency la frecuencia de cancelación; la forma de calcular las cancelaciones se hace a través de la siguiente fórmula:

Comb frecuency=1/time offset

En la frecuencia calculada se produce la máxima cancelación debido a que la diferencia de fase de las señales es de 180°. Cada vez que se dé esta diferencia de fase se producirá otra cancelación, lo que supone que en cada múltiplo de la frecuencia calculada se producirá una cancelación. Por el contrario, cuando el desfase entre las señales es de 360°, se produce el refuerzo máximo entre señales. Y como podemos comprobar en la fórmula, entre mayor diferencia de tiempo, menor será la frecuencia de cancelación.

Como se puede ver en la figura 3.21, cuando dos señales llegan a un receptor, una con un retardo con respecto a la otra, se comprueba que cuando la diferencia entre ambas señales es de 180° se traduce en un mínimo en la amplitud de la señal resultante, en cambio, cuando la diferencia de fase es de 360° (360°=0°), es decir, que llegan en fase, se produce un máximo. Todo esto se va repitiendo creando la forma de un peine, en la que se intercalan valles (mínimos) y crestas (máximos), siendo este efecto más pronunciado en las frecuencias altas.

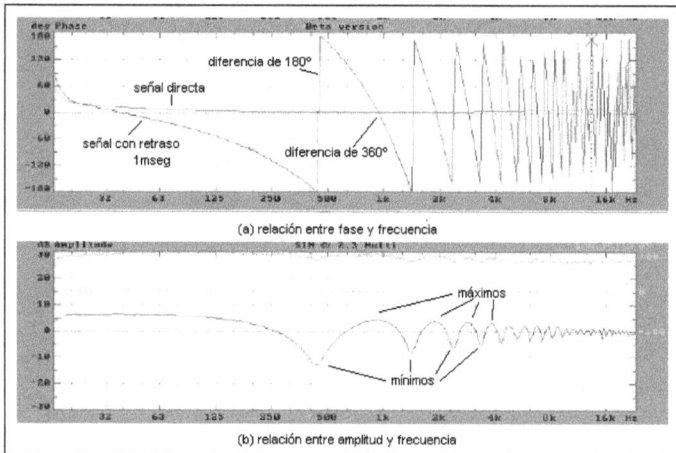

Figura 3.21 Suma de dos señales con retardo

Desajuste del nivel relativo

Al llegar dos señales iguales a un mismo punto de recepción pero provenientes de puntos diferentes, se puede producir un desajuste del nivel relativo. Esto significa que las señales llegan con diferentes niveles, es decir, con diferentes amplitudes. Al igual que el retardo de tiempo relativo, este factor puede producir tanto beneficios como perjuicios en la recepción.

Si las dos señales llegan con un mismo nivel, el refuerzo es máximo (6 dB) cuando se produce suma, pero por otro lado, el efecto de cancelación se hace extremadamente profundo cuando se produce la resta. Cuanto más parecidos sean los niveles de las señales, más se tenderá a esta situación. Esta situación se puede observar en la figura 3.22. En cambio, al aumentar la diferencia de niveles, los picos y valles del filtro se reducen y las pendientes se suavizan, por lo que es más fácil tratarlo con el ecualizador. Esto se puede comprobar en la figura 3.23 que representa la suna de dos señales que tienen una diferencia de nivel de 6 dB.

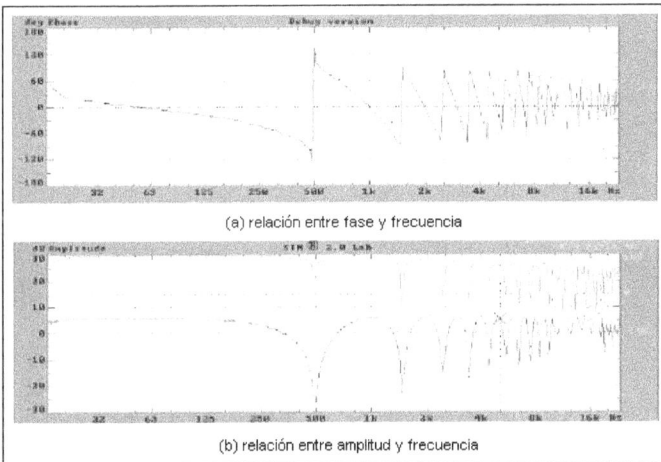

(a) relación entre fase y frecuencia

(b) relación entre amplitud y frecuencia

Figura 3.22 Suma de señales con mismo nivel

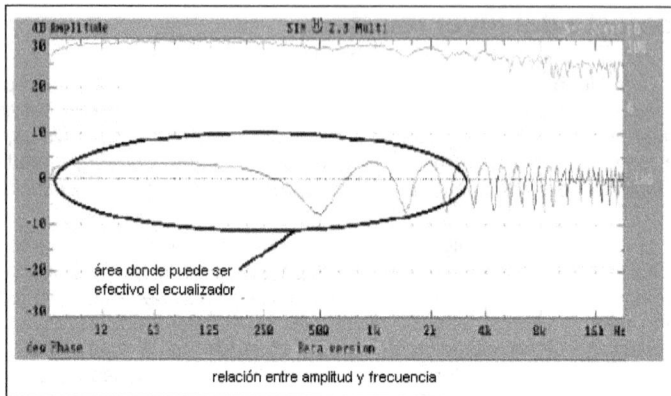

Figura 3.23 Suma de señales con diferentes niveles

Capítulo 4

ELEMENTOS DEL SISTEMA DE SONIDO
....

Un sistema de sonido puede estar formado por una inmensa cantidad de elementos que repercuten sobre la calidad del sonido reproducido, tanto de forma directa como indirecta. De entre todos los elementos, hay una serie de ellos que son fundamentales para el refuerzo sonoro y que, además, su influencia en la calidad final del sonido no viene dada por el buen hacer en su manejo, como las mesas de mezclas, sino por la propia calidad del elemento y por su correcto uso dentro del sistema. Estos elementos tienen unas características invariables y no son manipulables, lo que supone que la labor del ingeniero se reduce a realizar una buena y adecuada elección de él. Por lo tanto, es muy importante conocer el funcionamiento y las características de cada elemento para poder saber si el elemento que se va a adquirir o a usar es el adecuado para el sistema.

4.1 ALTAVOCES

Un altavoz es un transductor electrónico-mecánico-acústico que transforma energía eléctrica en energía acústica. Es un dispositivo que transforma la señal eléctrica que le llega en un movimiento mecánico del diafragma (parte del altavoz), que al moverse, produce una presión acústica al aire. O lo que es lo mismo, un dispositivo utilizado para la reproducción de sonido.

Para realizar este proceso se compone básicamente de 2 partes que se encargan de realizar las transformaciones de energía pertinentes:

- Parte electro-mecánica: constituida por el imán y la bobina móvil (altavoz dinámico). La energía eléctrica llega a la bobina móvil situada dentro del campo magnético del imán y por eso se produce el movimiento de la bobina móvil.

- Parte mecánico-acústica: formada por el diafragma (cono) y su suspensión. Sobre el diafragma está montada la bobina móvil, la que al moverse, mueve también el diafragma y lo hace vibrar, generando variaciones de presión (sonido).

4.1.1 Características técnicas

4.1.1.1 RESPUESTA EN FRECUENCIA

Es la relación entre intensidad sonora y la frecuencia. Nos indica la fidelidad con que el altavoz reproduce las señales que le llegan dependiendo de la frecuencia. Lo ideal sería que fuese plana, pero el altavoz, dependiendo de su calidad, introduce atenuaciones en algunas bandas de frecuencia. Podemos considerar un altavoz como de alta calidad si su respuesta en frecuencia en el rango audible (20 Hz-20 KHz) está dentro de un margen de variación de 6 dB.

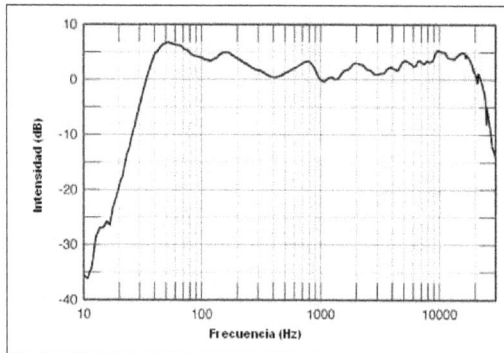

Figura 4.1 Respuesta en frecuencia de un altavoz

4.1.1.2 DIRECTIVIDAD

Es la relación entre la intensidad sonora y el ángulo de emisión del altavoz. Nos indica las direcciones a donde es enviada la energía acústica que produce el altavoz, ya que este no las envía en una sola dirección sino en todas las direcciones. La forma más gráfica de dar la directividad es mediante un diagrama polar. Un diagrama polar es un dibujo técnico que refleja la radiación del altavoz en el espacio en grados para cada punto de sus ejes (horizontal y vertical), teniendo en cuenta que en el eje del altavoz (0°) se produce la presión sonora.

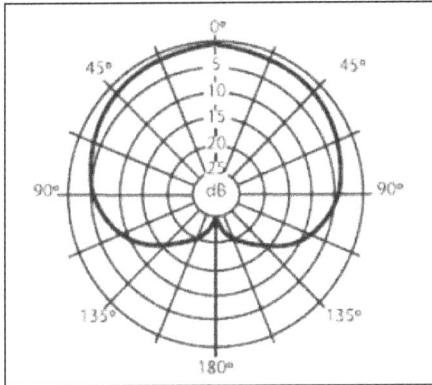

Figura 4.2 Diagrama polar de un altavoz

Dependiendo de su directividad podemos decir que un cono de altavoz es:

- **Omnidireccional:** radian igual en todas direcciones, es decir, en los 360°.

- **Bidireccional:** emiten sonido tanto por delante como por detrás, mientras que son prácticamente "mudos" en los laterales.

- **Cardioide:** son los altavoces que emiten el sonido en una dirección de forma muy amplia mientras que en la dirección contraria no emiten prácticamente nada.

4.1.1.3 IMPEDANCIA

La impedancia es una magnitud que establece la relación (cociente) entre la tensión y la intensidad de corriente. Es la oposición que presenta al paso de la corriente eléctrica que viene suministrada por una fuente eléctrica. La impedancia se mide en Ohmios (Ω). En los altavoces el valor de la impedancia varía en función de la frecuencia. La impedancia nominal es la impedancia del altavoz para 1 KHz y es a la que, normalmente, nos referimos cuando hablamos de la impedancia de un altavoz.

4.1.1.4 POTENCIA ELÉCTRICA

Es la cantidad de energía (W) que se puede introducir en el altavoz antes de que distorsione en exceso o de que pueda sufrir desperfectos. Dentro de la potencia se diferencia entre potencia nominal y potencia admisible.

- Potencia nominal: es la potencia que aguanta el altavoz a lo largo de un período largo de tiempo.

- Potencia admisible: es la potencia que aguanta el altavoz en un período muy corto de tiempo.

4.1.1.5 POTENCIA ACÚSTICA

La potencia acústica es la cantidad de energía radiada por una fuente determinada. El nivel de potencia acústica es la cantidad de energía total radiada en un segundo y se mide en vatios (W).

4.2 ETAPAS DE POTENCIA

La función primordial de cualquier amplificador de potencia es la de aumentar el nivel de las señales que, procedentes de un preamplificador, recibe en su entrada hasta obtener el nivel adecuado para excitar el o los altavoces que conectemos a su salida. Es un elemento muy importante en cualquier sistema de sonido ya que los niveles que se manejan en los diferentes dispositivos del sistema, como la consola o los procesadores de señal, son muy bajos, por lo que se hace necesario amplificar bastante la señal que vaya a los altavoces. Esta amplificación tiene que modificar sólo el contenido energético de la señal y no variar el ancho de banda de la misma ni permitir que se eleve la distorsión.

A pesar de que la finalidad y el manejo de este dispositivo sea muy fácil y concreta, no podemos decir lo mismo de su funcionamiento. En el caso de un altavoz electrodinámico, que es prácticamente el tipo de altavoz más utilizado en sonorización profesional, éste es excitado por una corriente eléctrica que circula por su bobina móvil; dicha corriente es proporcionada por el amplificador, quien lo que en realidad hace es seguir lo más fielmente posible las variaciones de tensión que se encuentran en su entrada (las que recibe del previo) reflejándolas en su salida con un nivel varias veces superior. Es decir, una etapa de potencia amplifica tensión y al encontrar en su salida el bobinado del altavoz se produce una circulación de corriente, cumpliéndose la Ley de Ohm.

Para realizar dicha función, una etapa de potencia se compone de canales de salida que alimentan a los altavoces, entradas donde se recepciona las señales a amplificar y los controles de nivel que regulan la potencia suministrada al altavoz. La señal que llega a las entradas de la etapa suele provenir de un previo o preamplificador que amplifica en un primer paso la señal débil de la consola para que se cumpla el nivel mínimo de entrada del amplificador. Normalmente, la salida consta de 2 canales estéreo, aunque se pueden encontrar etapas con una salida mono o incluso con más de 2.

Figura 4.3 Etapas de potencia

Interiormente, una etapa de potencia se divide en 3 secciones por las que va pasando la señal hasta su salida. Primero, la señal pasa por la etapa de entrada, que se encarga de garantizar una buena estabilidad en el amplificador frente a las variaciones de tensión producidas por la alimentación (corriente en miliamperios). A continuación, la señal va a la etapa excitadora, cuya función es suministrar la ganancia de tensión, que es controlada por el potenciómetro de volumen (corriente en miliamperios). Tras esta etapa, la señal posee una gran tensión pero la corriente es baja debido a la alta impedancia de entrada. Para ello, antes de ir a la salida de la etapa, la señal pasa por la etapa de salida, que se encarga de darle la ganancia de corriente suficiente para atacar a altavoz (corriente en amperios).

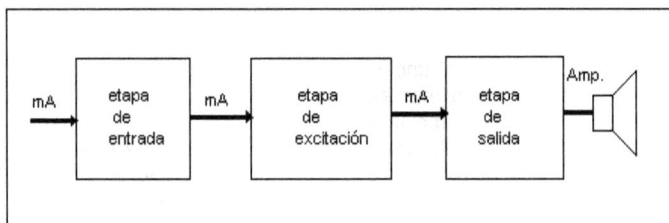

Figura 4.4 Secciones de una etapa de potencia

4.2.1 Características técnicas

Para realizar una buena elección de las etapas de potencia que vamos a utilizar en nuestro sistema de sonido es necesario conocer las diferentes características técnicas de cada una de ellas para entender los datos que nos proporcione el fabricante.

4.2.1.1 RESPUESTA EN FRECUENCIA

La respuesta en frecuencia nos indica la variación que efectúa el dispositivo sobre la señal para cada frecuencia (en dB) y el margen de frecuencias que es capaz de reproducir. Lo que se busca es una respuesta en frecuencia lo más plana posible y un ancho de banda lo más grande posible.

4.2.1.2 POTENCIA DE SALIDA

Es el valor máximo de potencia eléctrica que puede entregar el amplificador a una determinada carga, para un nivel de distorsión y un margen de frecuencias especificados. Existen varias formas distintas y valores diferentes para expresar la potencia pero el valor más interesante y representativo de la etapa es la potencia eficaz o RMS (raíz cuadrática media). Esto hace referencia al hecho de que esta es la potencia que el amplificador puede liberar continuamente durante largos períodos de tiempo, normalmente decenas de horas, sin ningún tipo de problema. También podemos destacar la potencia de pico, la cual indica la máxima potencia que puede entregar el amplificador en condiciones límites y durante un breve espacio de tiempo.

Es importante tener en cuenta que la potencia aumenta al disminuir la impedancia, pero que esto no ocurre si conectamos una etapa de potencia a un altavoz con menos impedancia ya que se intentará extraer más corriente del amplificador de la que puede dar y las protecciones de éste actuarían impidiendo dar toda esa potencia.

4.2.1.3 SLEW RATE

El slew rate o también llamado factor de subida es una medida que cuantifica el tiempo que tarda el amplificador en responder a los cambios de nivel de la señal. Se mide en voltios por microsegundo (V/μseg) y cuanto mayor sea, mejor.

4.2.1.4 THD

Es la distorsión armónica total que se forma por la suma de las distorsiones que se producen en cada uno de los armónicos debido a la aparición de nuevos componentes de frecuencia, y como cualquier distorsión, se pide que sea lo más baja posible. Suele expresarse en porcentaje, aunque también se puede definir en dB, pero es menos usual.

4.2.1.5 FACTOR DE AMORTIGUAMIENTO O CAMPING FACTOR

En un altavoz, al aplicarle tensión a la bobina, está se mueve. Por su propia condición magnética, al dejar de aplicar tensión a la bobina, ésta no se parará si no que seguirá moviéndose, generando una tensión inducida por sí misma. Esta tensión perjudica al amplificador pues no previene de él y además se opone a la tensión que genera, de ahí a que se llame fuerza contraelectromotriz. La capacidad para minimizar y amortiguar esta tensión por parte de la etapa es lo que llamamos factor de amortiguamiento, que se calcula a partir de su impedancia de salida. Cuanto más bajo sea, mejor será el factor de amortiguamiento.

4.2.1.6 RELACIÓN SEÑAL/ RUIDO (S/N)

Es la relación en dB existente entre la señal entrante amplificada (usualmente a máxima potencia = 0 dB) y el ruido propio del amplificador cuando no existe señal de entrada, y manteniéndolo igualmente en su máxima ganancia, o sea, 0 dB. Se mide la tensión en ambos estados, dividimos la tensión de salida entre la de entrada y lo pasamos a dB. La relación señal/ruido o S/N determina lo silenciosa que será una etapa de potencia. Cuanto mayor sea la S/N, mejor.

4.2.2 Modos de funcionamiento

En general, los amplificadores de dos canales de uso profesional funcionan por defecto en modo estéreo (en inglés, *stereo*). Es decir, cada canal del amplificador recibe señal a su conector de entrada y tiene su propio potenciómetro para controlar el volumen.

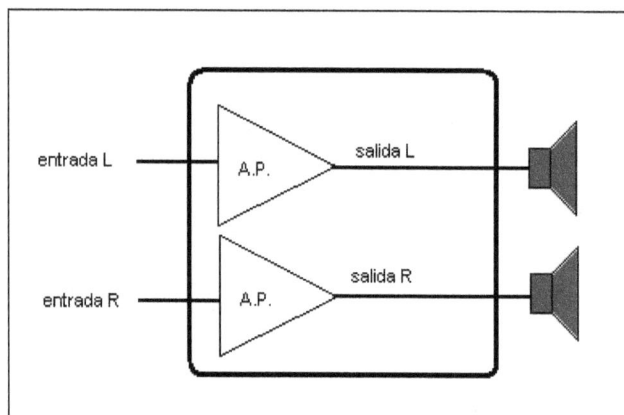

Figura 4.5 Modo estéreo

A menudo se requiere que los dos canales lleven la misma señal. Esto se consigue poniendo las entradas de los canales en paralelo. Para ello podemos utilizar un cable de Y, con el cual se saca la fuente de señal, de una mesa de mezclas por ejemplo y se lleva la misma señal a ambos canales del amplificador. Se puede conseguir el mismo objetivo de diferente forma si el amplificador dispone de más de un conector de entrada. Para ello se lleva la señal de un canal a otro del amplificador utilizando un cable corto que sale de un conector libre de un canal y entra en un conector del otro. Es habitual que los amplificadores simplifiquen la vida y eviten el engorro del cable de Y o el cableado de puentear de un canal a otro. Para ello proporcionan un conmutador que activa el modo paralelo (en inglés, *parallel*) también llamado mono, que simplemente pone en paralelo los dos canales del amplificador para que lleven la misma señal de entrada. Normalmente, al seleccionar el modo paralelo/mono, el amplificador toma la señal del canal 1 y se desconecta la entrada del canal 2. Dependiendo del modelo de amplificador, cada canal seguirá manteniendo su control de volumen, o bien el canal 1 controlará el nivel de señal que va a los amplificadores de ambos canales.

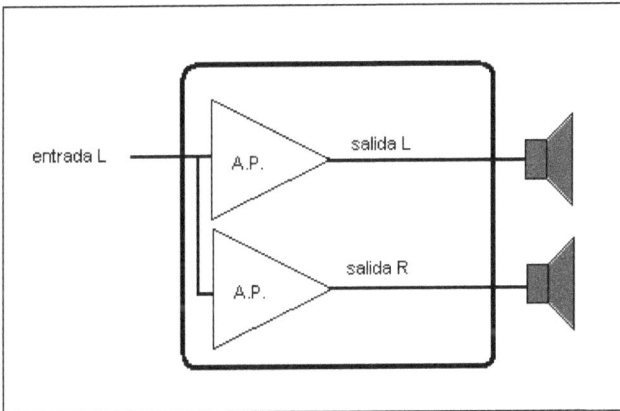

Figura 4.6 Modo mono

Algo parecido ocurre si se quiere usar un amplificador en modo puente (en inglés, *bridge*), utilizando los dos canales del amplificador como un solo canal más potente. Para ello se necesita llevar la misma señal a ambos canales, exceptuando que el canal 2 deberá llevar polaridad opuesta al canal 1. Luego se lleva la señal amplificada de cada canal de salida a cada uno de los terminales de los altavoces. Para evitar la complicación del cableado, y al igual que ocurría con el modo paralelo, es común que muchos amplificadores dispongan de la opción de uso en modo puente, y proporcionen un conmutador que permita activar el modo puente entrando solamente al canal 1. Dependiendo del modelo de amplificador, cada canal seguirá manteniendo su control de volumen, por lo que se deberá utilizar el amplificador siempre con los dos volúmenes al máximo. O bien de lo contrario el canal 1 controlará el nivel de señal que va a los amplificadores de ambos canales, de forma que se pueda utilizar el control de volumen del canal 1 como el control de nivel de lo que es ahora, un único amplificador.

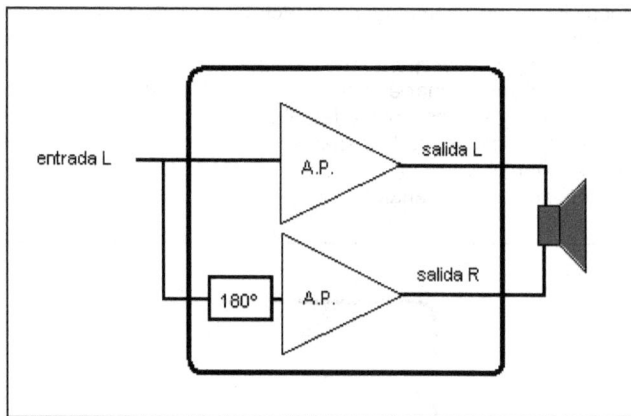

Figura 4.7 Modo bridge

Como información de referencia, se recuerda que un amplificador en modo puente ve una impedancia que es la mitad que la impedancia del altavoz. Es decir, que si nuestro altavoz es de 8 ohmios, el amplificador verá 4 ohmios. El amplificador intentará entregar cuatro veces (en teoría, en la práctica son algo menos, del orden de solamente tres veces más) más de potencia que en modo estéreo por canal (6 dB más), por lo que es habitual que la impedancia mínima del amplificador en modo puente sea mayor que la del modo estéreo. Por ejemplo, un amplificador de 1000 W por canal a 4 ohmios conectado a una única carga de 4 ohmios en modo puente intentará entregar 4000 W (en la práctica unos 3000 W), lo cual excedería la capacidad de potencia del amplificador, por lo que puede ser que el fabricante nos especifique que ese amplificador sólo baja a 8 ohmios en modo puente. De igual manera un amplificador que baje a 2 ohmios en modo estéreo sólo bajaría a 4 ohmios en modo puente.

En cualquier caso conviene tener en cuenta que estos conmutadores de modo que proporcionan muchos amplificadores sólo son una forma cómoda de hacer lo mismo que podríamos hacer con cableado.

4.2.3 Clases de etapa de salida

Otra de las características que da un fabricante sobre su etapa de potencia es el modo de amplificación de la etapa de salida. De modo general, un amplificador puede clasificarse según el diseño de su etapa de salida:

- Clase A

- Clase B

- Clase AB

- Clase C

- Clase D

- Clase G

4.2.3.1 CLASE A

Se compone de uno o dos transistores que conducen los 360° completos de la señal. Proporciona la calidad más alta, ya que la diafonía entre canales y su distorsión inherente es baja, aunque poseen un consumo elevado, lo que supone altas temperaturas y por lo tanto no se llega a conseguir niveles altos de potencia.

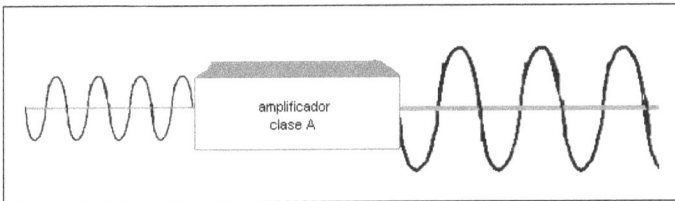

Figura 4.8 Amplificación con etapa de salida clase A

4.2.3.2 CLASE B

Conduce sólo durante un semiciclo de la señal para conseguir mayor rendimiento. Su distorsión de cruce es bastante alta por lo que no se suelen utilizar en audio.

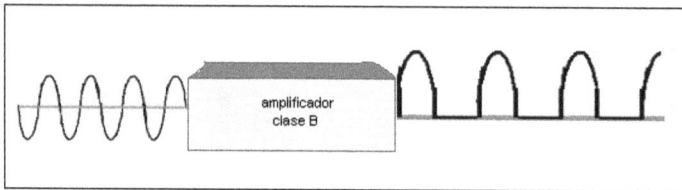

Figura 4.9 Amplificación con etapa de salida clase B

4.2.3.3 CLASE AB

Es un intermedio entre las clases A y B en la que el ángulo de conducción es de 180° a 270°. Su rendimiento es bastante alto y es una de las clases más utilizadas.

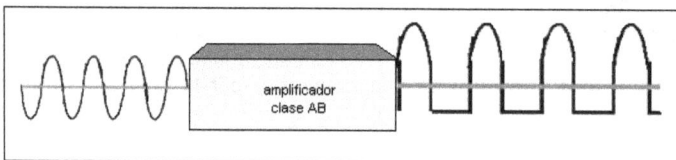

Figura 4.10 Amplificación con etapa de salida clase AB

4.2.3.4 CLASE C

Su ángulo de conducción es menor de 180° y su utilización está restringida a amplificadores de radiofrecuencia.

4.2.3.5 CLASE D

Al contrario que los amplificadores clase AB convencionales utilizados masivamente hasta el momento, la amplificación en clase D se basa en la conmutación de la salida entre dos únicos estados, en ninguno de los cuales existe prácticamente disipación. Esta conmutación se realiza bajo el control de un circuito modulador a partir de la señal de entrada. En todo el proceso se obtiene, en situaciones de utilización práctica, eficiencias superiores al 90%, frente al 30-40% conseguido con la tecnología convencional. Este aumento en la eficiencia de funcionamiento tiene dos consecuencias fundamentales. Una drástica reducción en las necesidades de refrigeración, reduciendo el peso, coste, tamaño y permitiendo funcionar a temperaturas más bajas, aumentando en última instancia la fiabilidad. El consumo energético es también más reducido que en los sistemas tradicionales. Como ejemplo, para obtener 100 W RMS con tecnología clase AB, se requiere una fuente de alimentación capaz de proporcionar al menos 200 W, mientras que 110 W serían más que suficientes para un amplificador clase D.

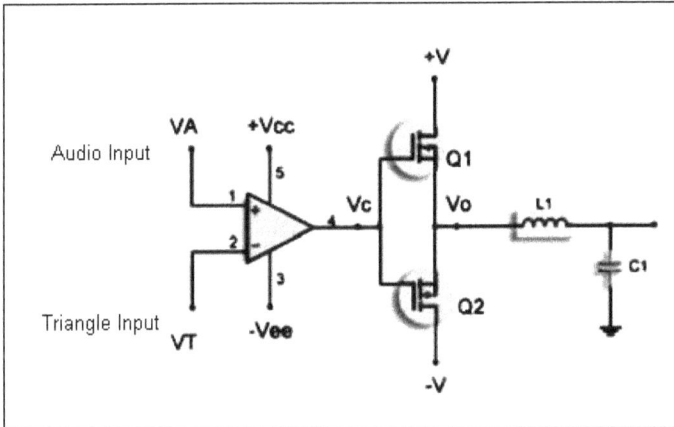

Figura 4.11 Circuito básico del amplificador clase D

En la figura 4.11 vemos un circuito básico de amplificador clase D. En este circuito se usan dos transistores tipo MOSFET (Q1 y Q2) en función de conmutadores. Cada transistor está alternamente en estado de conducción con corriente de saturación y no conducción al corte. Cuando está al corte, su corriente es cero y cuando está saturado, la tensión en sus extremos es muy reducida, virtualmente cero. Por lo tanto en ambos modos, su consumo de potencia es muy reducido. Este concepto aumenta la eficiencia del circuito y requiere menos potencia de la fuente de alimentación. Esto a su vez permite el uso de disipadores térmicos de menor tamaño. La etapa de entrada del amplificador clase D es un circuito comparador en base a amplificadores operacionales que excitan dos transistores del tipo MOSFET que funcionan como llaves o conmutadores. El comparador recibe dos señales de entrada, siendo una la señal de audio (VA) y la otra una señal triangular (VT) de una frecuencia mucho más alta. El valor de tensión de salida del comparador Vc estará a nivel de +Vcc o – Vee. Cuando VA > VT, la tensión de VC = +Vcc. Cuando VA< VT, Vc = - Vee. Las tensiones de salida del comparador positivas o negativas excitan dos MOSFETS complementarios de surtidor común. Cuando VC es positivo, Q1 conduce y Q2 está al corte. Cuando VC es negativo, Q2 conduce y Q1 está al corte. Las tensiones de salida de cada transistor serán ligeramente menores que la tensión de la fuente de +V y –V. El filtro compuesto por L1 y C1 actúa como filtro pasabajos, produciendo así una señal de audio analógica. Seleccionando los valores correctos, el filtro permite el paso del valor promedio de la señal de salida de los transistores de conmutación Q1 y Q2. Si el valor de la señal de audio de entrada VA fuera cero, la tensión VO sería una onda cuadrada simétrica con un valor promedio cero.

4.2.3.6 CLASE G

Utiliza una etapa de clase AB cuando el voltaje de la señal es inferior a cierto nivel y cuando está por encima de dicho nivel entra en funcionamiento otra etapa que funciona con transistores alimentados con tensiones altas. Se consigue un margen dinámico alto.

4.2.4 Elección de la potencia

Una de las incógnitas más frecuentes que tiene cualquier persona que quiere montar un sistema de refuerzo sonoro es saber la cantidad de potencia que necesitará para su sistema. Para ello es importante calcular un parámetro llamado potencia eléctrica necesaria (EPR o PEN) que es la potencia eléctrica que necesitamos proporcionar a los altavoces para que en la zona de audiencia tengamos el nivel que se requiera. Para ello se necesita saber la sensibilidad del altavoz (S), la distancia hasta el oyente más lejano que se desea que llegue nuestro el sistema (r) y el nivel de presión sonora (SPL) que precisamos a esa distancia. Y con la siguiente fórmula se calcula.

$$EPR=10 \; \frac{SPL(r)-S+20\log(r)}{10}$$

De este modo se tiene una idea bastante precisa de la potencia que se necesita, pero es importante también la elección del amplificador según los altavoces que se dispongan. En general, se debe elegir un amplificador cuya potencia de salida esté por encima del aguante de potencia del altavoz. Esto se debe a que un amplificador sólo entrega la potencia especificada con señal senoidal, y entrega mucha menos potencia para una señal real con dinámica. Por ello, se recomiendan amplificadores que entreguen un 50% más de potencia que la potencia media (RMS) del altavoz. Por ejemplo, para una caja de 450 W, se puede usar un amplificador que entregue 700 W. Si se utiliza un amplificador pequeño, no se obtiene el nivel suficiente ni la sensación (de nivel) suficiente, así que se tenderá a saturar el amplificador, y con ello se pondrá en peligro la integridad del altavoz.

4.2.5 Nuevas tecnologías

Regulador de recorte de nuevo diseño (tecnología EEEngine de vanguardia)

La serie PC-1N adopta un nuevo diseño de regulador de recorte que aporta el suministro eléctrico ideal al amplificador. Asegura un suministro de voltaje y corriente más estable y equilibrado, y elimina las fluctuaciones del nivel de entrada. El resultado es un sonido claro y preciso con una alta fiabilidad en un equipo ligero de bajo consumo.

La serie PC-1N también emplea la avanzada tecnología EEEngine patentada por Yamaha. EEEngine reduce el consumo de energía a la mitad en comparación con los amplificadores de potencia convencionales, sin sacrificar en lo más mínimo la calidad del sonido.

El búfer de voltaje de alta velocidad independiente consigue una respuesta rápida mientras que el nuevo circuito MOSFET integrado al búfer multiplica por dos la eficiencia de la serie PC-1N respecto a amplificadores de potencia normales.

Contadores de nivel dobles fáciles de leer y circuitos de protección completos

Estos amplificadores tienen contadores de nivel LED de nueve segmentos, lo que proporciona una indicación instantánea fácil de leer de los niveles de señal y la saturación, incluso en lugares con poca luz.

También integran un sistema de protección de potencia extensivo diseñado para prevenir daños en los circuitos del amplificador y en los altavoces conectados.

El silenciamiento durante el encendido desactiva las salidas de los altavoces durante 10 segundos cuando el equipo está encendido. Si la distorsión de la señal de salida supera el 1%, las luces de indicación CLIP rojas y el limitador se activan de forma automática. Cuando la protección de la tensión CC está activada, el indicador PROTECTION (Protección) se enciende y si la temperatura del disipador de calor sobrepasa los 85° C, la luz TEMP se enciende. Si la temperatura supera los 90° C, la protección térmica apaga el sistema de forma automática.

El indicador POWER/STAND-BY ejerce una doble función: el verde indica que el sistema está encendido mientras que el naranja indica el modo "en espera" de la unidad de control externa conectada. Así mismo, REMOTE LED (LED remoto) del panel posterior se enciende cuando se reciben señales de control de un dispositivo externo conectado al puerto DATA (Datos).

Ventilador controlado por ordenador

Las altas temperaturas son las enemigas de unas buenas prestaciones de audio, por ello se colocan los ventiladores de refrigeración para mantener estable el funcionamiento de la parte de la fuente de potencia y asegurar un suministro de potencia constante y estable con altas salidas de ésta. Se asegura una vida de funcionamiento más larga por medio del control por computador del funcionamiento del ventilador, manteniendo de este modo una temperatura de trabajo óptima y segura.

Bobina toroidal

La bobina toroidal mejora la eficiencia, la regulación y la capacidad de filtrado del suministro de potencia para eliminar virtualmente el ruido de alta frecuencia común en los amplificadores digitales.

Figura 4.12 Bobina toroidal

Diodo de barrera Schottky

La incorporación de un diodo de barrera Schottky asegura una rectificación más uniforme y más eficiente de corrientes grandes. En comparación con los diodos rectificadores convencionales, este diodo de barrera mejora a la vez la eficiencia del suministro de corriente y las prestaciones del rectificado uniforme, mejoras que son claramente perceptibles en una calidad de audio superior.

Condenadores de alisado del suministro de potencia

Para garantizar un suministro estable de potencia, incluso cuando hay grandes cambios de carga en condiciones de alta salida de potencia o un incremento en la corriente de rizado, el suministro de potencia incorpora un condensador electrolítico de aluminio de gran capacidad como filtro para uniformizar la potencia. Aunque los condensadores convencionales de este tipo normalmente tienen una alta corriente de fuga y un efecto negativo asociado en la calidad de audio, Kenwood ha incluido un film dieléctrico que proporciona un mecanismo de oxidación mejorado que realiza una mejora del 40% en la corriente de fuga y en la calidad del sonido.

4.3 MICRÓFONOS

Un micrófono es un transductor acústico-mecánico-eléctrico. Su cometido es el de convertir cualquier variación de presión acústica que se presente en su membrana, en una variación de tensión eléctrica, equivalente al desplazamiento de dicha membrana. Para ello, el micrófono se compone de 2 partes, el transductor acústico-mecánico (T.A.M.) y el transductor mecánico-eléctrico (T.M.E). El TAM, a través de una membrana o diafragma, convierte la presión sonora (P) en fuerza (f), y la forma en la que éste se enfrenta al medio determina la respuesta directiva del micrófono, y junto a los elementos acústicos que posee cada micrófono determinan la respuesta en frecuencia. El TME convierte las vibraciones del elemento móvil (f) en variaciones de tensión (E) y corriente (I), obteniéndose así la señal eléctrica de audio.

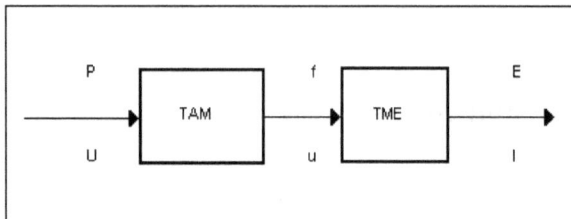

Figura 4.13 Partes de un micrófono

El micrófono es un elemento necesario en cualquier actuación en directo. Es el encargado de captar el sonido que emiten todos los instrumentos que sean acústicos, como la batería o el saxo, y la voz, y así poder llevar una señal eléctrica de audio de cada instrumento a la consola para su mezcla y su posterior reproducción a través de los altavoces. Del mismo modo que la señal de cada instrumento electrónico que ingresamos en una mesa o consola de mezclas ha de ser lo más precisa e impoluta posible, la misma norma se ha de tener en la señal proveniente de los distintos micrófonos, teniendo en cuenta que los micrófonos, además de captar la señal requerida, pueden captar otras señales en el escenario.

4.3.1 Características técnicas

Cada micrófono posee unas determinadas características que deben conocerse y entenderse para hacer un buen uso y una buena elección de éstos. Dicha información la suministra el fabricante del producto para cada modelo. Las principales y más representativas características de un micrófono son la sensibilidad, la respuesta en frecuencia y la directividad, pero aparte, también se deben conocer otras características como la impedancia interna, la alimentación, etc. que permitirán dar un buen uso al micrófono.

4.3.1.1 SENSIBILIDAD

Este parámetro nos indica la capacidad del micrófono para transformar la presión acústica (p) en tensión eléctrica (E), es decir, cómo reacciona ante un estímulo acústico. Normalmente la sensibilidad viene expresada en decibelios (dB) referenciados a 1 V/Pa o en milivoltios por pascales (mV/Pa). El cálculo se determina en el eje del micrófono ($\theta=0°$), a la frecuencia de 1 KHz, a 1 metro de distancia y en condiciones de campo libre. La sensibilidad que debe de tener un micrófono viene dada por el uso que se le va a dar, y no por tener mayor sensibilidad es mejor, ya que, en ciertos casos, como en la caja de la batería, no es conveniente que el micrófono sea muy sensible, ya que suele producir sonidos muy potentes.

$$S = \left| \frac{E}{p} \right| \qquad S(dB) = 20\log \frac{S(V/Pa)}{1V/Pa}$$

4.3.1.2 RESPUESTA EN FRECUENCIA

La respuesta en frecuencia de un micrófono es la variación de la sensibilidad en función de la frecuencia. Este parámetro nos indica cómo responderá el micrófono a cada frecuencia. La forma en que veremos expresado este parámetro es a modo de gráfica, en la que se muestra una curva cuyo eje horizontal representa el rango de frecuencias con escala logarítmica, y el vertical representa el margen de decibelios, tanto negativos como positivos.

$$S(dB) = 20\log \frac{S(f)}{S(1KHz)}$$

Es posible encontrarse más de una curva en la gráfica, ya que, aparte de la respuesta en frecuencia medida a 1 m de distancia y con un ángulo de $\theta=0°$, el fabricante también te puede indicar la respuesta en frecuencia a otros ángulos y a otras distancias para tener una visión más completa de cómo responde el micrófono. En general, lo que se busca en un micrófono, y como señal de calidad, es una respuesta en frecuencia lo más plana posible y que se extienda a todas las bandas de frecuencia de audio. El factor subjetivo también puede influir a la hora de la elección del micrófono ya que puede encontrarse, por ejemplo, que a algún cantante le guste un micro con altas frecuencias resaltadas.

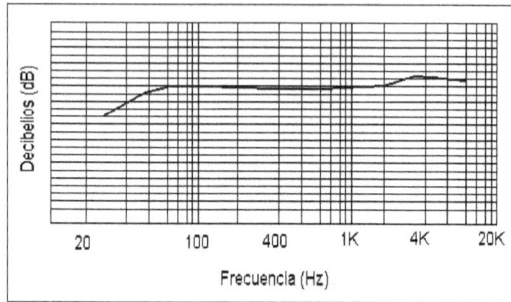

Figura 4.14 Respuesta en frecuencia de un micrófono

4.3.1.3 DIRECTIVIDAD

La directividad es la respuesta del micrófono ante una fuente sonora en función del ángulo del que venga (θ ángulo en el eje horizontal, φ ángulo en el eje vertical), teniendo como referencia (en la mayoría de los casos) que la máxima respuesta del micrófono se produce cuando la onda viene justo de frente ($\theta=0°$, $\varphi=0°$). La forma más típica de representar la directividad de un micrófono es a través del diagrama polar, en el que se muestran varias curvas dentro de dos semicírculos que nos indican la respuesta del micrófono para cada ángulo y para varias frecuencias, siendo la más representativa la de 1 KHz. Los radios del círculo representan, en decibelios, la atenuación, en el que el punto más lejano al centro nos incida atenuación 0.

$$D(\theta,\varphi)= \frac{S(\theta,\varphi)}{S(0°,0°)}$$

Éste no es un parámetro del que se pretende que sea lo mejor posible ya que las exigencias para cada uso pueden cambiar radicalmente. Igual que se puede necesitar un micrófono poco directivo para captar fuentes sonoras aleatorias, también se puede necesitar un micrófono muy directivo para captar una fuente sonora determinada y rechazar otras fuentes provenientes de otros ángulos. En cuanto a la respuesta en frecuencia, sí que se busca que el micrófono mantenga la misma directividad en todo el rango.

Los micrófonos también se pueden clasificar según la forma del diagrama polar en tres grandes grupos:

- **Micrófonos omnidireccionales:** son los que responden de igual forma para todos los ángulos.

- **Micrófonos bidirecionales:** nos proporciona una máxima respuesta en un solo eje, tanto en su parte anterior como en su opuesta.

- **Micrófonos direccionales:** poseen la máxima sensibilidad para una sola dirección, atenuando bastante el resto de posibles ángulos. Dentro de este grupo podemos encontrar ciertas diferencias en los ángulos en los que se produce atenuación:

    o **Cardioides:** poseen máximo rechazo a la fuentes sonoras en los 180° , pero es poco direccional en el eje principal.

    o **Supercardioide:** es más directivo que el cardioide en el eje principal pero con más aceptación en ángulos traseros.

    o **Hipercardioide:** es el más direccional de todos con un gran rechazo en ángulos laterales. En ángulos traseros, es el que menos rechazo tiene de los 3.

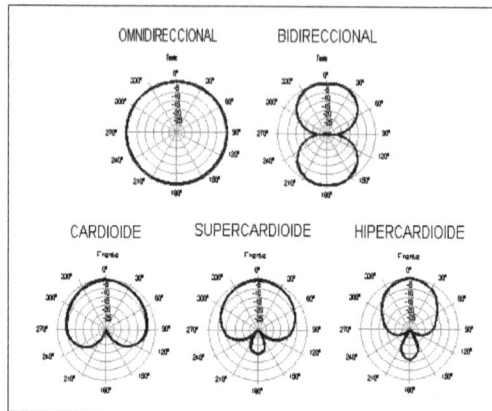

Figura 4.15 Diagramas polares

4.3.1.4 DISTORSIÓN

La distorsión es el conjunto de señales que aparecen en la salida del micrófono que no corresponden con la señal de entrada. Son alteraciones y variaciones en la señal de audio que perjudican a ésta, cambiando su forma original. Los fabricantes no suelen dar este parámetro, por lo que debe guiarse según las marcas y la experiencia propia. La distorsión aparece debido a la no linealidad del sistema por el que pasa la señal, pero su origen es muy diverso:

- **Distorsiones internas:** se deben a un comportamiento no ideal en el interior del micrófono, incluso en condiciones normales de utilización. Las causas pueden ser:

  - o **Efecto de proximidad:** se produce un aumento en las bajas frecuencias al estar la fuente sonora muy cerca del micrófono, siendo muy propio de micrófonos directivos.

  - o **Vibraciones parciales del diafragma:** se produce en diafragmas poco rígidos, en los que aparecen modos propios de vibración transversal originando coloración en frecuencias por encima de la de resonancia del diafragma.

o **Coloración en la respuesta en frecuencia:** producida por las distintas cavidades y conductos internos que modifican la respuesta en frecuencia de la señal. Suele estar presente en micrófonos grandes o con complicados circuitos acústicos internos.

o **Respuesta a transitorios:** se producen distorsiones temporales cuando la respuesta a los cambios bruscos de presión acústica es mala.

• **Distorsiones externas:** son originadas por condiciones externas del micrófono que hacen que éste funcione de forma no lineal. Las causas puede ser:

o **Sobrecarga de presión o saturación:** se produce al recibir el micrófono niveles muy altos de presión acústica, ya que cada micrófono tiene limitaciones, tanto en el diafragma como en la circuitería interna. Aparecerá con más asiduidad en micrófonos con bajas sensibilidades.

o **Efecto Popping:** es el efecto que se origina al pronunciar consonantes oclusivas como p, t, b que originan un chorro de aire instantáneo que mueve el diafragma de una forma no deseada al no ser sonido, produciéndose una salida eléctrica como si lo fuera. La mejor forma de impedir esta distorsión es con un filtro antipopping.

o **Ruido de viento:** al estar un micrófono en el exterior, puede verse afectado por el viento. El viento puede mover el diafragma, lo que origina una tensión eléctrica no deseada. La colocación de una bola de espuma en el micro conocida como bola antiviento atenúa este efecto.

4.3.1.5 IMPEDANCIA INTERNA

Es la impedancia que posee el micrófono de cara a conectarlos a otros equipos. Es importante que la impedancia de entrada del equipo al que va a ser conectado sea mayor que la impedancia interna del micrófono para que toda la tensión generada en el micrófono caiga sobre la entrada del equipo. Debe de ser aproximadamente 3 veces mayor.

4.3.1.6 ALIMENTACIÓN

Es importante observar si el micrófono necesita una alimentación externa, y en cuyo caso, qué tipo de alimentación porque sino el micrófono no funcionará. La alimentación más típica que suelen tener los micrófonos es la phantom (48V) que es la que necesitan los micrófonos de condensador. Normalmente las mesas de mezclas suelen tener la opción de aportar dicha alimentación a los micrófonos.

4.3.1.7 FILTROS Y ATENUADORES

Algunos micrófonos pueden llevar incorporado la opción de activar un filtro paso alto para eliminar las señales de baja frecuencia. Es muy común en los micrófonos vocales, en los cuales se especifica la función de transferencia del filtro. También podemos encontrar micrófonos con atenuadores eléctricos (PAD), normalmente de 10 dB para evitar la saturación del preamplificador del micrófono en caso de recibir niveles altos de presión.

4.3.2 Clasificación

La función básica de un micrófono es la de transformar la presión acústica que llega a la cabeza del micrófono en señal eléctrica. Esta conversión es posible gracias a sus dos transductores. Estos transductores, tanto uno como el otro, pueden ser de varios tipos, lo que permite clasificar a los micrófonos según el tipo de transductor TME por un lado y según el tipo de transductor TAM por otro. Esto da pie a una amplia gama de micrófonos con características diferentes, por lo que es muy importante conocer las propiedades de cada uno de ellos para darle la aplicación más adecuada, pues cada micrófono tiene un uso determinado en una actuación en directo.

Según el tipo de TME que poseen, los tipos de micrófonos más importantes son:

- Dinámicos

    o   De bobina
    o   De cinta

- Electrostáticos

    o   De condensador
    o   Electret o prepolarizados

4.3.2.1 MICRÓFONOS DINÁMICOS DE BOBINA

Este tipo de micrófonos están constituidos por un conductor en forma de bobina que se mueve debido al movimiento del diafragma provocado por la presión sonora dentro de un campo magnético fijo. Este campo magnético está generado por un imán permanente, y al producirse movimientos de la bobina dentro de él, se induce una corriente eléctrica que pasará por una resistencia, obteniéndose así una tensión proporcional a la presión.

Los micrófonos dinámicos de bobina son los más utilizado sobre todo en sonorización, debido entre otras cosas a su robustez, fiabilidad, precio, etc. Por naturaleza, son de baja impedancia (entre 150 Ω y 600 Ω), debido a la reactancia inductiva de la mencionada bobina, aunque se pueden convertir en micros de alta impedancia (de 10 KΩ a 50 KΩ) utilizando un transformador adecuado, pero esto no es muy recomendable, sobre todo si se tienen largas tiradas de cable para conectarlo, cosa que por otro lado es muy habitual. Comentar, así mismo, que en la actualidad, la vida útil de uno de estos micros dinámicos, tratado adecuadamente, tranquilamente puede sobrepasar la vida profesional de su usuario, sin apenas merma de sus cualidades intrínsecas.

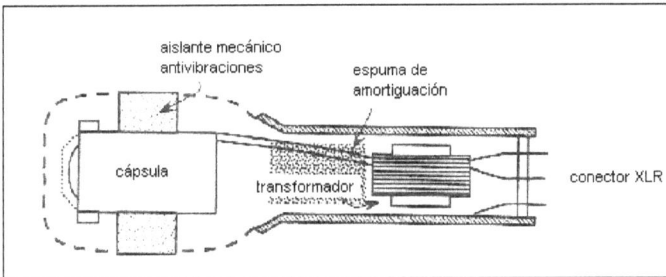

Figura 4.16 Estructura interior de un micrófono de bobina

Uso

Debido a sus características, esta clase de micrófonos se suelen utilizar como micrófonos vocales e instrumentales con alguna limitación para captar por encima de 10 KHz. No es aconsejable utilizarlos como micrófonos de medida debido a su repuesta en frecuencia irregular pero tienen un gran rango dinámico, lo que permite captar fuentes sonoras de mucho nivel.

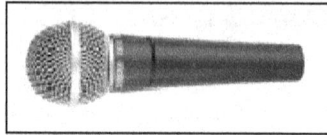

Figura 4.17 Micrófono de bobina

4.3.2.2 MICRÓFONOS DINÁMICOS DE CINTA

El principio de funcionamiento de este tipo de micrófonos es bastante similar al de los micrófonos de bobina, con la excepción de que en éstos el elemento que corta las líneas de campo magnético del imán no es una bobina, sino un diafragma en forma de cinta metálica corrugada; con lo que se consigue mayor superficie en menos espacio, a la vez que facilita su movimiento, al poseer mejor efecto diafragmático.

Los micrófonos de cinta siguen el principio de velocidad de onda o gradiente de presión (diferencia de presión entre dos puntos cercanos separados por el diafragma). Si la presión del sonido alcanza sus caras al unísono no se obtendrá ninguna señal en sus terminales de salida; por lo que se le encapsula para que esto no ocurra, y se le procura, a la vez, el patrón direccional que sea requerido, ya que por naturaleza son bidireccionales. Son además muy sensibles a las bajas frecuencias y poseen bastante efecto de proximidad (ensalzamiento de graves a corta distancia del micro), por lo que suelen utilizarse a cierta distancia del foco de emisión sonora (1 metro mínimo). Son micrófonos con una sensibilidad muy baja aunque en algunos casos llevan incorporado un transformador eléctrico muy potente que eleva su sensibilidad.

Uso

Se utilizan principalmente como micrófonos vocales, pero no es recomendable usarlos en exteriores, en cuyo caso deberían llevar protección antiviento. Es típico también su uso como micrófonos de labios para retransmisiones de tipo deportivo, con un soporte que mantiene fija la distancia a la boca.

Figura 4.18 Micrófono dinámico de cinta

4.3.2.3 MICRÓFONOS ELECTROSTÁTICOS DE CONDENSADOR

El funcionamiento de este tipo de micrófonos se basa en el principio del condensador variable. En el micrófono se forma un condensador de capacidad variable, en el que una de sus placas es el diafragma, siendo la otra, una placa fija y con orificios. Al incidir la onda de presión sonora sobre el diafragma, éste se mueve produciendo cambios en la capacidad del condensador, lo que origina una corriente sobre el circuito eléctrico de carga. Este tipo de micrófonos precisan de una alimentación externa Ep (comprendida entre 9 y 48 V), que se encarga de polarizar su elemento capacitor; es por ello que a estos micrófonos también se les conoce como capacitivos. La tensión necesaria para su funcionamiento es suministrada habitualmente por la mesa de mezclas a través del mismo cable que transporta sus señales; esta peculiar manera de suministrar tensión remota a los micrófonos capacitivos se denomina alimentación fantasma (phantom).

Los micrófonos de condensador se caracterizan por tener alta sensibilidad gracias a la tensión de polarización, y poseen un gran margen dinámico, aguantando elevadas presiones. Poseen una respuesta en frecuencia bastante plana que permite llegar hasta los 20 Khz sin problemas con un diafragma de ½" de diámetro. Sus principales inconvenientes son, por un lado, el de resultar sensibles a la humedad, cosa que perturba a su dieléctrico (aire entre sus placas), y por otro, el hecho de precisar de una tensión de alimentación, tanto para la polarización de sus placas como para su preamplificador interno. Puesto que estos micrófonos son de alta impedancia y bajo nivel, se hace preciso el uso del mencionado preamplificador, que además cumple con la doble función de adaptación a baja impedancia.

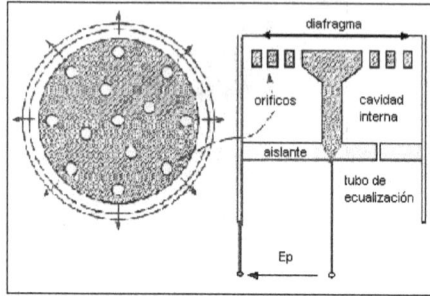

Figura 4.19 Estructura interior de un micrófono electrostático

Uso

Son de uso tanto en directo como en estudio. Su calidad de sonido es muy buena y por ello son más apreciados que los dinámicos en aplicaciones de grabación. Al tener un diafragma de baja masa, estos micrófonos, además de responder óptimamente a transitorios de nivel (impulsos sonoros súbitos de gran amplitud y con una velocidad de ataque muy rápida), poseen buena respuesta en altas frecuencias (agudos), y bajo ruido mecánico (de manipulación y transmisión a través de su cuerpo). Habitualmente se utilizan para los platos y el charles de la batería. Por otro lado, su respuesta en bajos también resulta excelente; no en vano todos los micrófonos calibrados que se utilizan en mediciones acústicas son capacitivos; eso sí, para estas aplicaciones es obligado el uso de micrófonos cuyo patrón polar sea omnidireccional.

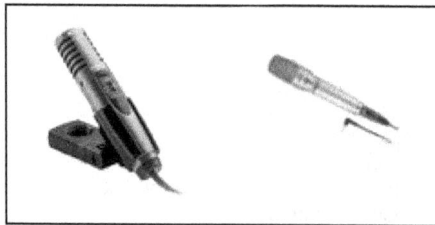

Figura 4.20 Micrófonos electrostáticos

4.3.2.4 MICRÓFONOS ELECTROSTÁTICOS DE ELECTRET O PREPOLARIZADOS

El funcionamiento básico de este tipo de micrófonos es igual a los micrófonos de condensador. La diferencia radica en que, en vez de tener que polarizar el condensador con una tensión continua, se utiliza un tipo de material en una de sus placas llamado electret que posee una polarización permanente, por eso también se les llama prepolarizados.

Son de alta sensibilidad aunque un poco menor a los de condensador, pudiendo llegar a los 50 mV/Pa en caso de micrófonos de medida. Su respuesta en frecuencia y margen dinámico es bastante parecida a los de condensador. En cuanto a su directividad, puede ser de cualquier tipo excepto bidireccional. La impedancia nominal es la del preamplificador que suele ser de unos 100 Ω.

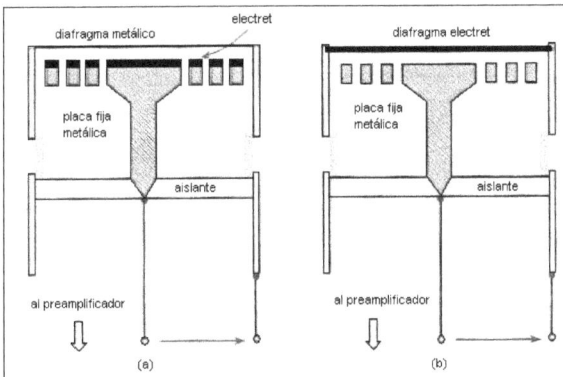

Figura 4.21 Estructura interior de un micrófono prepolarizado o electret

Uso

Debido a su alta capacidad para poder miniaturizarse, son muy utilizados como micrófonos de solapa o micrófonos para cámaras de video. También tiene uso profesional, siendo utilizados como micrófonos vocales o instrumentales.

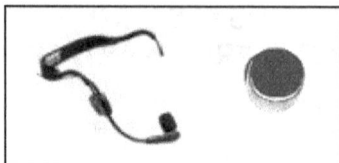

Figura 4.22 Micrófono electret

Según el tipo de TAM que poseen, podemos clasificar los micrófonos en:

- Micrófonos de presión
- Micrófonos de gradiente
- Micrófonos combinados de presión y gradiente

Micrófonos de presión

En este tipo de micrófonos, la presión acústica en el exterior del micrófono es captada por la cara externa del diafragma. La cara interna de éste está aislada del exterior por la cavidad de la cápsula microfónica, excepto por un pequeño orificio de ecualización que sirve para igualar la presión que hay en el exterior con la del interior del micrófono para que los cambios barométricos no desplacen el diafragma. La diferencia de presión entre ambas caras del diafragma originará la vibración de éste.

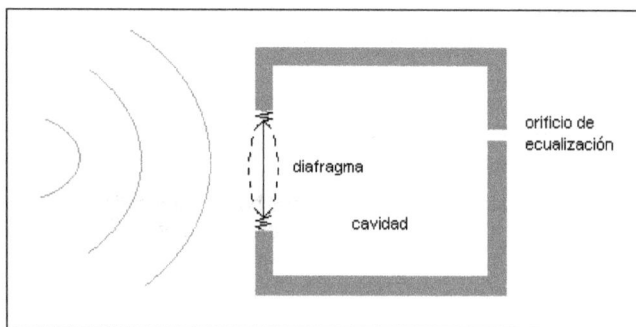

Figura 4.23 Funcionamiento de un micrófono de presión

Micrófonos de gradiente

En los micrófonos de gradiente, ambas caras del diafragma se enfrentan a la onda de presión sonora por igual. Como es lógico, las ondas que llegan a cada cara del diafragma (p1,p2) son muy parecidas, pero no iguales. La onda, al llegar a la cara interior del micrófono, lo hará con un pequeño camino adicional recorrido (dL), por lo que llega con una fase y un valor diferente a la onda que incide en la cara exterior. Esta diferencia en baja frecuencia es lo que llamamos gradiente de presión, que es la fuerza que mueve el diafragma.

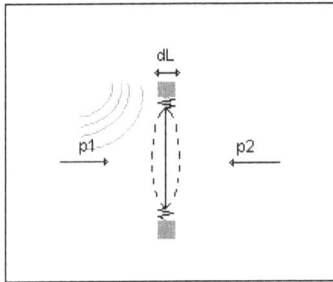

Figura 4.24 Funcionamiento de un micrófono de gradiente

Micrófonos combinados de presión y gradiente

Como su propio nombre indica, estos micrófonos utilizan una combinación de ambos métodos. El micrófono posee una cavidad interna, pero que está conectada con el exterior por medio de unas aberturas. El tamaño de las aberturas es pequeño con el objetivo de ofrecer cierta resistencia al paso de la onda de presión. Al llegar la onda de presión (p1), incidirá con la cara exterior del micrófono de forma directa. Dicha onda también incidirá en la cara interior (p2), pero después de recorrer un camino más largo que el del gradiente y pasar por la atenuación que producirán los orificios. Esto supone que la diferencia de presión en ambas caras sea bastante grande, lo que propicia una gran fuerza en la vibración y una gran respuesta eléctrica por tanto.

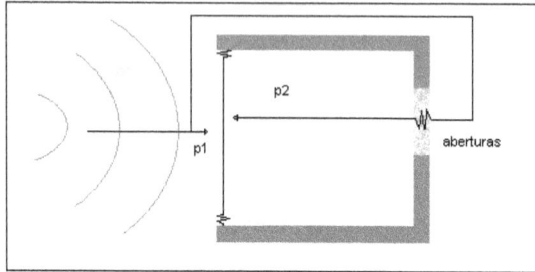

Figura 4.25 Funcionamiento de un micrófono de presión y gradiente

4.3.3 Técnicas de toma de sonido

Se puede definir la toma de sonido como la captación microfónica de fuentes sonoras, tanto sonidos puntuales como sonido ambiente. Según el tipo de toma que se realice, se puede afinar la fidelidad del instrumento o buscar juegos para conseguir captaciones personales con características diferentes.

En primer lugar, se destacan las variaciones de sonido que se pueden conseguir según el plano en el que se tome:

- **Primerísimo plano:** es un plano real. Se sitúa el micro dentro o sobre el instrumento. Este podría ser el caso de un micro de pinza en un saxo o una guitarra. Puede ser útil para captar con separación de otros, un instrumento con poca sonoridad o para recoger al máximo la "textura" y calidad del sonido. Para evitar vibraciones, será conveniente apoyar este micro en un elemento elástico, de modo que no quede expuesto a la vibración del instrumento.

- **Primer plano:** se sitúa el micro a unos centímetros de la fuente. Este sistema añade el inconveniente de que se pueden captar diferentes ruidos de frotación etc., no obstante es de los más utilizados. Para voces e incluso instrumentos.

- **Plano medio:** se utiliza este tipo de plano para captar fuentes muy sonoras o familias de instrumentos que no deseamos captar por separado. La distancia para crear este plano medio es de 1 metro aproximadamente.

- **Plano ambiente:** se sitúa el micro a varios metros de la fuente. Obviamente, con esta toma se pierde definición y la señal es pobre. Se pretenden captar el ambiente y dar la riqueza cromática en la reproducción.

Es posible, así mismo, realizar la toma de un instrumento como una guitarra clásica, recogiendo más de un plano. Es decir, situar un micrófono de pinza en un primerísimo plano para captar a la perfección el detalle y a la vez, recoger en una segunda toma, un plano medio o ambiente para enriquecer este primer plano.

Es conveniente saber cuáles son las características del instrumento al cual se le va a realizar la toma de sonido para proceder según su necesidad. Cada conjunto de instrumentos tiene unas características sonoras diferentes, por lo que se puede diferenciar entre:

Instrumentos de viento-madera

- **Sonidos muy armónicos, ataques y caídas lentas:** se caracterizan también por emitir, además del sonido, el ruido del soplido. Se pudemos situar el micro apuntando a la boca y algo inclinado para evitar el soplido de la embocadura, teniendo en cuenta que cuanto más se acerque a la boca, más agudos conseguiremos y por el contrario, buscando graves, se debe aproximar a la campana del instrumento.

- **Sonidos muy ricos, timbres altos, estridentes y bastante sonoros:** la toma podría realizarse situando el micro en el eje del pabellón (que es por donde radian), descentrándolo ligeramente para atenuar el timbre. La distancia debería ser de 1 metro aproximadamente. En distancias más cortas, probablemente aparezcan problemas de picos y saturación.

Instrumentos de cuerda

Sonidos armónicos, ataques rápidos y caídas lentas pero uniformes. Según se sitúe el micro se obtienen las siguientes características:

- Apuntando al puente: sonido brillante

- Apuntando al mástil: sonido armónico

- Apuntando a la boca: sonido resonante

- Apuntando a las cuerdas: acentúa el sonido percusivo de pulsación

Se debe tener en cuenta que la familia de instrumentos de cuerda es muy amplia y dependiendo de la familia a la que pertenezca (cuerda frotada, pulsada, golpeada) se deberá adecuar la situación de nuestro micro (y el tipo) para conseguir el matiz o matices que caracterizan al mismo.

Percusión de membranas y metal (batería y percusión)

- **Bombo:** micro situado frente al parche frontal (un micro duro). Situado a unos 30 cm del mismo y sobre un soporte antivibración.

- **Timbales base:** micro a unos 10 cm, apuntando al borde para captar el sonido brillante.

- **Timbales aéreos:** micro suspendido a unos 20 cm.

- **Caja:** micro a unos 10 cm, apuntando al centro de la membrana. No debemos situar el micro por debajo de la caja, ya que captaríamos todos los ruidos de muelles y bordonera.

- **Charles:** captado entre 10 y 15 cm, apuntando al borde de los platos pero evitando el "trasiego" de aire producido por ellos.

- **Platos:** los platos, por lo general, tienen sonidos especialmente brillantes. Esto hace que se deba situar el micro algo más separado, en torno a los 30 cm para evitar saturaciones, etc.

Guitarra y bajo eléctrico

Como es conocido, estos instrumentos podrían ser conectados directamente a la mesa a través de la entrada de línea. Pero es probable que la señal sea débil, y lo que es más importante: el sonido es absolutamente artificial y agudo. Todos prefieren (incluso a veces como condición imprescindible) sonorizar con el sonido del amplificador, lo cual requiere de un micrófono adecuado y bien situado. La toma se efectúa situando el micro mirando hacia el altavoz del amplificador, algo inclinado. Dado que la toma es muy corta no existirá reverberación, la cual se añadirá después de forma " artificial". Existen también procesadores de efectos que emulan los típicos sonidos de amplificación de válvulas y otros tipos; tanto en bajo como en guitarra. Esto permite ahorrarnos la microfonía con resultados sonoros bastante aceptables.

4.3.4 Micrófonos según el instrumento

4.3.4.1 EL PIANO

El piano es un instrumento que tiene un registro muy amplio, tiene notas muy graves y notas muy agudas. Por ello es muy recomendable la utilización de, al menos dos micrófonos, una para las cuerdas graves y otro para las cuerdas medias/agudas. La colocación de los micrófonos es muy importante dependiendo el tipo de sonido que se desea conseguir. Si se acerca el micrófono de los medios/agudos excesivamente a la zona de los martillos, se consigue un sonido más brillante y percusivo, que es un sonido más utilizado normalmente en música moderna. Si por el contrario se desea un sonido más natural, separando los micrófonos del arpa del instrumento se consigue un sonido con más armónicos de la caja y con menos agresividad, resultando más natural. En esta posición, el sonido de la sala (reverberación) influye de forma importante. Los micrófonos deberán estar separados entre sí para poder conseguir la separación de frecuencias a captar cada uno.

Micrófonos

U87, U89 y TLM170 de Neumann - C451, C300, C414 AKG - 4006 y 4004 Brüel&Kjaer - SM-81 y SM91 Shure

4.3.4.2 CUERDAS

Dentro de las cuerdas se debe de notar que los violes generan un sonido más agudo y más directivo que las violas, y éstas, más que los chelos, y éstos más que los contrabajos. Por tanto, no hay que tratarlos por igual, aunque aquí se vean de forma genérica. Siempre hay que dejar una distancia suficiente entre el micrófono y el instrumento para poder recoger los armónicos que añaden las cajas de éstos al sonido de las cuerdas.

Micrófonos

D222, D12 AKG - MKH 40,60, MD-421, 431, 441 Senheisser - 4004 Brüel&Kjaer - 451, 300 y C-3000 AKG.

4.3.4.3 VIENTOS

Se necesitan micrófonos que tengan algún sistema de atenuación, dado que los vientos generan presiones relativamente elevadas y pueden llegar a saturar el micrófono. También se deben buscar micrófonos con buenas repuestas, no tanto en graves sino en las zonas de medios-agudos. En la colocación, hay que tener cuidado con la posible captación del sonido generado por las llaves al tocar el músico.

Micrófonos

D22, D224 AKG - U 87 Neumann - MD 421, 431 441 Senheisser -RE20 Electro Voice.

4.3.4.4 BATERIA ACÚSTICA

La batería acústica cambia mucho si se va a grabar en un estudio o si se va a sonorizar para una actuación en directo, por lo que, dependiendo de los medios que se dispongan en cada caso, hay que elegir unos u otro micrófonos.

- **Bombo:** el bombo genera el sonido más grave y de mayor presión acústica de la batería, por lo que se necesita un micrófono con un diafragma grande para que aguante bien la presión generada y con una respuesta en graves lo mejor posible. La colocación también influye mucho. Normalmente se mete dentro, entre los dos parches, si se acerca mucho al parche delantero se oye la pegada de la maza sobre el parche y se obtiene un sonido más definido pero con menos peso en la zona grave. Si se retira demasiado, ocurrirá lo contrario, además de recoger sonidos no deseados del escenario.

Micrófonos

D112 AKG - MD-421 Senheisser - M91 Shure.

- **Caja:** una gran parte del sonido de la caja lo da el bordonero de ésta (la cinta metálica que se sujeta sobre el parche inferior). Por ello, hay técnicos que utilizan dos micrófonos para la caja, uno para el parche superior, y otro para el inferior con el bordón. Esto, a la hora de mezclar, presenta algunos problemas con la fase de ambos micrófonos. En directo, el micrófono debe estar lo más próximo al parche y los más separado posible del charles.

Micrófonos:

SM-57 BETA-57 SM-98 Shure - MD-441 Senheisser.

- **Timbales:** los timbales no suelen presentar muchos problemas por lo que normalmente se toman con el MD 421 de Senheisser o con SM-57 de Shure.

- **Platos y charles:** se suelen usar micrófonos eléctricos, para el charles es recomendable uno más cerrado (directivo) que para los platos, de forma que no se coja en exceso el sonido de la caja por este micrófono.

Micrófonos

451 + CK1 o CK3, Serie 300 AKG - SM81 Shure. - MD 441 Senheisser- RE-20 Electro Voice.

4.3.4.5 VOCES

Las voces son, a veces, difíciles de tomar. Varían mucho entre un cantante y otro y dependen mucho de la sala en la que se realiza la toma. Es importante, en estudio, interponer entre el micrófono y el cantante una pantalla filtro que elimine los "pos" y siseos de la voz. En directo interesa más un micrófono dinámico que no presente tanta facilidad a la realimentación como los eléctricos aun a costa de perder algo de calidad.

Micrófonos

Shure SM-58 BETA-58, SM-57 BETA-57 SM5 - U87 U457 Neummann - C-422, C-414- C12, Tube AKG.

4.3.5 Cajas directas

La caja directa o DI (direct inyection) es un elemento que suele pasar desapercibido en un concierto, pero cuya función es bastante importante, sobre todo cuando se quiere obtener un sonido de calidad. Haciendo un poco de historia, en 1981 Whirlwind desarrolló y produjo la primera caja directa disponible en el mercado del audio; hoy día existen un sinfín de opciones para escoger: BSS, DOD, Aguilar, Avalon, Manley, Countryman, Edax, Groove Tubes, Summit Audio, Symon Systems, etc.

Las funciones que realiza una caja directa son:

• Convertir la impedancia entre dos equipos, de alta impedancia a baja impedancia, como una pastilla de un instrumento musical o una consola.

• Convertir la señal desbalanceada a balanceada, permitiendo que los cables cubran distancias más largas sin pérdidas de señal, si es necesario.

• Tener un buen aislamiento de tierra para eliminar la interferencia y el ruido.

Figura 4.26 Caja directa

Según el diseño de la caja, existen dos tipos de cajas:

* **Cajas pasivas:** son las más comunes dentro del mercado. Utilizan un transformador de impedancias y no necesitan alimentación para funcionar. Suele llevar un conector de salida y uno de entrada tipo jack, un interruptor para seleccionar la toma tierra y una salida balanceada XLR.

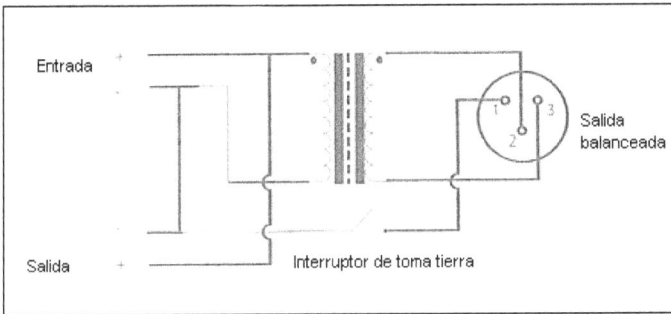

Figura 4.27 Circuito de una caja directa pasiva

* **Cajas activas:** poseen elementos activos, por lo que es necesario alimentarlas a través de baterías, alimentación phantom o AC. Además de la configuración de entradas y salidas que tienen las cajas pasivas, suelen llevar incorporado un LED indicador de la carga de la batería, un control de ganancia y un conmutador que permite elegir la entrada de línea, de altavoz o de instrumento. Su relación S/N es mejor que la pasiva y, al contrario que ésta, son capaces de enviar una señal con buen nivel a través de una manguera multipar a la consola.

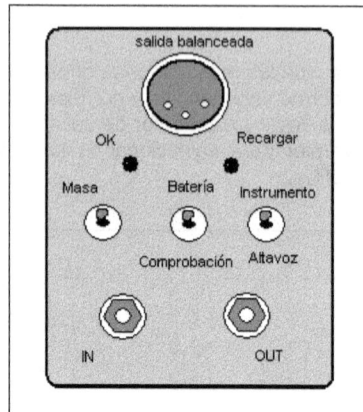

Figura 4.28 Elementos de una caja directa activa

Las cajas directas pueden ser utilizadas en diferentes situaciones, como por ejemplo el sonido en vivo, donde se tienen que conectar señales del escenario como teclados, samplers, sintetizadores, guitarra eléctrica, bajo eléctrico, pastillas de instrumentos acústicos al stage box y así reducir el número de micrófonos y contar con mayor ganancia antes del nivel de retroalimentación (feedback), incluso el nivel de presión sonora en el escenario baja considerablemente al no tener amplificadores de instrumentos en éste.

La forma de utilizar una caja directa es sencilla. A la entrada se conecta el instrumento con sus pedales y procesadores. La salida jack va directamente al amplificador de instrumento si el músico quiere escucharse por ahí, y la salida XLR que está balanceada irá a la consola.

Hay que tener en cuenta la importancia de cada elemento en la cadena de audio, ya que no sirve de nada tener una buena guitarra conectada a una caja directa de bajo precio y rendimiento. Los detalles hacen la diferencia ante un buen sonido y un gran sonido, y las cajas directas nos permiten alcanzar este último.

4.4 CABLES Y CONECTORES

En un sistema de refuerzo sonoro, el cable es el principal medio de transporte de la señal de audio desde que ésta se origina en una guitarra eléctrica o en un micrófono hasta que es reproducida por los altavoces. A través de los conectores, el cable conecta dos extremos, el elemento que genera la señal eléctrica de audio y el dispositivo que la recibe. Aparte de transportar las señales de audio a diversos sitios, los cables y conectores juegan un papel importante en la calidad del sonido, ya que su mala elección o su mal estado pueden deteriorar la señal y generar ruido, por lo que se hace necesario conocer los diversos tipos de cables y conectores que se pueden encontrar en cualquier sistema de sonido y las características intrínsecas de cada uno de ellos para hacer un buen uso de ellos.

4.4.1 Tipos de conectores

Los conectores son elementos que disponen de unas puntas metálicas (pins) con envolturas que pueden ser metálicas o plásticas, que pasan señal eléctrica de cualquier tipo de un dispositivo al cable y viceversa.

Al igual que los cables, lo conectores se pueden clasificar según el tipo de señal que pasa a través de ellos:

4.4.1.1 CONECTORES SIMPLES DE CORRIENTE

- **Clavija europea:** conector de alimentación, bipolar, con 2 puntas de conexión cilíndricas de uso típico en Europa.

- **Conector Schucko:** conector tripolar compatible con la clavija eurpoea. Dispone de 2 puntas de conexión cilíndricas y una toma de tierra situada en los laterales. Sigue la norma alemana.

- **Clavija americana:** clavija con 2 puntas de conexión de forma plana. La clavija está polarizada, siendo la pala de mayor tamaño el neutro. Existe otro modelo con una tercera punta de conexión cilíndrica para la toma de tierra.

- **Clavija inglesa:** clavija de gran tamaño para una carga máxima de 15 amperios, que dispone de un fusible interior. Sus puntas de conexión son de forma rectangular y la clavija sólo pueden conectarse de una forma. Está polarizada.

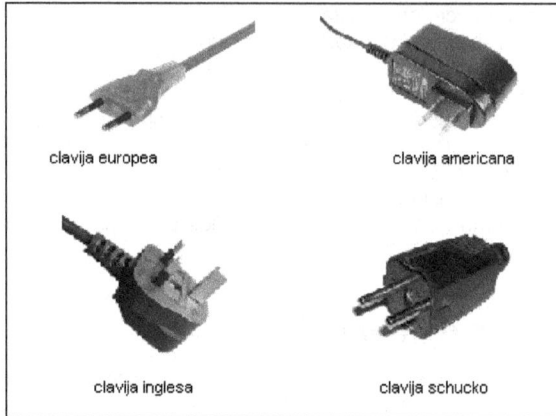

Figura 4.29 Conectores simples

4.4.1.2 CONECTORES SIMPLES DE ALTO NIVEL EN AUDIO

- **Conector tipo PIN:** conector de forma circular de uso común en las cajas de audio de consumo por su bajo coste.

- **Conector SPADE:** conector en forma de herradura que se instala normalmente con un tornillo en el centro que a su vez hace las veces de contacto. Bastante fiable. Usado también en conexiones telefónicas.

- **Borna o Banana:** conector de perno con un corte central en forma de cruz o con un muelle para provocar la expansión del conector y con ello un correcto contacto. Se utiliza en cajas acústicas de estudio y en dispositivos HI-FI en las que la potencia va a ser muy elevada.

- **Speakon:** diseñado por la compañía Neutrik. Tiene forma cilíndrica y su conexión se hace por giro de la parte aérea. Según el modelo, permite la conexión tetrapolar u octapolar, que se usa en sistemas biamplificados, triamplificados o tetra-amplificados, según el caso. Su uso está extendido en cajas de sonido para directo.

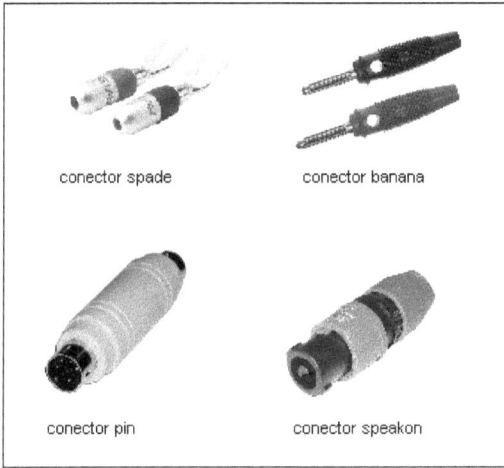

Figura 4.30 Conectores simples de alto nivel

4.4.1.3 CONECTORES SIMPLES DE BAJO NIVEL EN AUDIO

- **Conector RCA o CINCH:** tiene forma cilíndrica y 2 partes polares, una en forma de anillo que une el polo negativo o la malla, y otra en forma de perno que une el polo activo o positivo. Conector muy utilizado en equipos de sonido HI-FI.

- **Conector Jack:** tiene forma cilíndrica y sus polos se encuentran en la punta de conexión, que tiene 1 ó 2 anillos aislantes. Los que tienen un anillo se denominan mono, y los que tienen 2 anillos se denominan estéreo o balanceados.

- **Conector Bantam:** es muy parecido al conector Jack, pero de inferior diámetro y con la punta esférica. Su uso queda restringido sólo a los Patch Panels. Suelen estar soldados a cables de corta longitud denominados latiguillos.

- **Conector TT:** similar al conector bantam, pero con las mismas medidas que los conectores Jack. La punta es redonda.

- **Conectores XLR:** es el más popular en el mercado del audio. Tiene forma cilíndrica, al igual que sus puntas de conexión. Su primer fabricante fue la compañía ITT, que lo denominó cannon. Su codificación se denomina de la siguiente forma: XLR - Número de PINS - SEXO (macho o hembra).

- **DIN:** conector que se diseñó siguiendo la norma alemana. En la actualidad está en desuso en todas sus variantes. Tan sólo se conserva la de 5 puntas para las conexiones vía MIDI. Tiene forma cilíndrica y se compone de un anillo exterior donde normalmente va soldada una malla. En su interior hay varias puntas de conexión cuyo número varía en función de su uso.

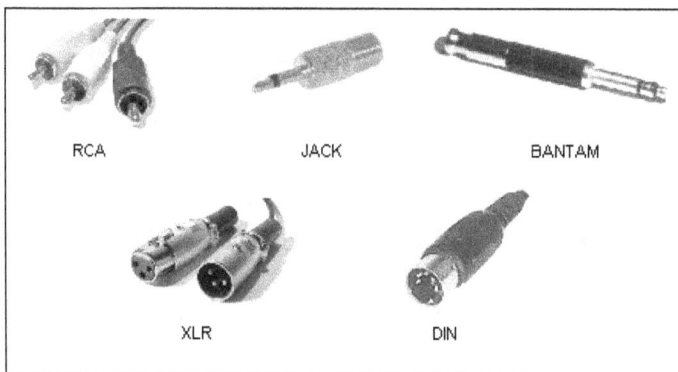

Figura 4.31 Conectores simples de bajo nivel

4.4.2 Tipos de cables

Es necesario utilizar cada cable para lo que realmente sirve, dado que hay razones específicas para cada uso. Sus funciones están separadas unas de otras, afectando todas al resultado final. Existen dos maneras básicas de llevar señal eléctrica de audio:

- No balanceada

- Balanceada

No balanceada

La señal se lleva, tal cual, a través de un cable de dos conductores sin ningún tipo de protección eléctrica. Los conectores de señal no balanceada tienen dos pines, como el RCA (también llamado Phono y Cinch, utilizado habitualmente por los equipos domésticos de alta fidelidad) y el 1/4" no balanceado (a menudo llamado, de forma errónea, jack, y usado en los instrumentos musicales y audio semi-profesional). Los conectores de más pines también pueden llevar señal no balanceada, aunque no usarán todos los pines. Por ejemplo un XLR (Cannon) de tres pines podría llevar señal no balanceada, dejando un pin sin usar. Los equipos domésticos usan en su totalidad, conexiones no balanceadas. Las conexiones no balanceadas son muy simples, y se usan habitualmente y sin problemas para la conexión de muchos instrumentos musicales. La razón por la que este tipo de conexiones no son consideradas "profesionales" es que son muy susceptibles de contaminarse por interferencia electro-magnética, particularmente cuando las distancias de cable son largas.

Balanceada

La señal se lleva dos veces, una de ellas con la polaridad invertida. A esto se lo conoce como el balanceado de una señal. Para llevar una señal balanceada necesitaremos conectores de tres pines y cable de tres conductores, uno de los cuales es la pantalla (malla) del cable. Las interferencias electro-magnéticas que no rechace el apantallamiento del cable, afectarán lo mismo a los dos cables que llevan la señal. La entrada del dispositivo al que llevamos la señal realiza lo que se conoce como desbalanceado, que consiste en sumar las dos señales que le llegan tras invertir una de ellas. Al haber estado invertida una señal con respecto de la otra en el cable el balanceado consigue reforzar (doblar) la señal original y cancelar las interferencias que se produjeron en el cable. En la práctica la atenuación de las interferencias es muy compleja y no siempre se consiguen los resultados esperados, aunque en cualquier caso el transporte balanceado de señal es el preferible para aplicaciones profesionales. El parámetro CMRR (Common Mode Rejection Ratio, Relación de Rechazo en

Modo Común) expresa la atenuación de una interferencia que se cuela en igual cantidad en los conductores que llevan la señal, y suele oscilar entre 60 dB y 80 dB, que vienen dados por las tolerancias del circuito de desbalanceado de entrada, y que definen la exactitud de la suma del desbalanceado. La figura 4.32 explica de forma gráfica el balanceado. El dispositivo de salida produce dos copias de la misma señal una de la cuales está invertida; si existe interferencia se produce de igual manera en las dos señales que se transportan por el cable; en el dispositivo de destino las señales se invierten y se suman, cancelándose la interferencia.

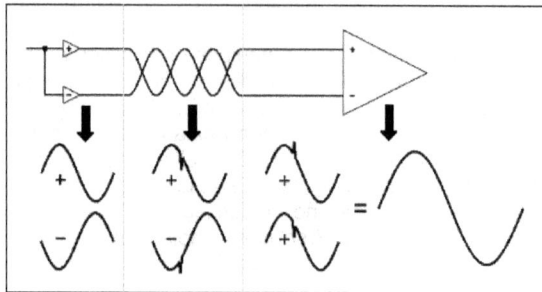

Figura 4.32 Balanceo de la señal

La función de un cable es transportar la señal, pero en un concierto, todas las señales presentes no son iguales en sus características. Cada una de ellas necesitará un trato diferente por parte del cable para que llegue a su destino con la mayor fidelidad posible. Por lo tanto, los cables se dividen según el tipo de señal que lleven:

- Cables de señal

- Cables de carga

- Clables de corriente

Cables de señal

Se llama señal a la corriente de bajo voltaje que se produce en instrumentos, lectores, grabadores, microfonía... Es una corriente continua de un voltaje muy pequeño (por debajo de los 2 V) siendo éste el adecuado para poder ser procesado por el equipo antes de ser amplificado.

Al ser una corriente de bajo voltaje, se ve muy afectado en su transporte por los cables, por el fenómeno de la inducción electromagnética que produce esos ruidos de fondo que se conocen. Esto se soluciona de dos maneras:

1. Montar el cable de manera coaxial, es decir, un conductor es aislado y sobre el aislamiento se dispone el otro en forma de malla envolvente. Esta solución funciona dependiendo de la calidad de los materiales y de la distancia de tirada. Si ésta supera los 10 m o la malla no cubre completamente la superficie del aislante interno, aparecerán de nuevo los problemas de ruido.

2. La segunda forma de proteger la señal es asociarla a una corriente de mayor voltaje, que mantenga las diferencias de potencial de la señal en largas tiradas, y así, evitar las inducciones producidas por el cruce con líneas eléctricas. Este sistema es el balanceo, que asocia una corriente de quince voltios entre el positivo y el tercer conductor, a su vez, otra corriente de menos quince voltios entre la malla y ese conductor. Esas dos corrientes se suman en el destino del cable, quedando sólo la señal original. Este sistema obliga a utilizar cables de dos conductores y malla, pero da la posibilidad de trasladar la señal a una distancia de 80-100 m sin problemas, protegiendo señales de baja impedancia y muy bajo voltaje, como las de los micrófonos, donde se vuelve un sistema absolutamente necesario. Este sistema es el que obliga a utilizar cajas de inyección que balanceen la señal por medio de un transformador, donde se mueven las corrientes asociadas a la señal sumándose en él o a través de un circuito que produzca la misma función (en el caso de las cajas de inyección activas).

El cable de señal que se elija para el equipo ha de ser de buena calidad, con conductores de cobre de alta calidad (de primera fundición, no de material reciclado) con un aislamiento de alto nivel dieléctrico, como los de tipo grafitado. Debemos elegir si con la malla trenzada o diagonal. La primera es más resistente y mantiene mejor la cobertura con los años, pero el cable se recoge peor y es más incomodo a la hora de soldar los conectores. La segunda tiene mejor cobertura al principio, pero para mantenerla es necesario que la recogida del cable después de un concierto sea lo más correcta posible, ya que sino se deformará.

En el cable de señal balanceado (el de microfonía) y en las mangueras, será importante que el cable contenga en su interior un elemento antitracción, normalmente de tipo textil, para que el cable mantenga la misma elongación con el paso del tiempo y el uso frecuente.

Si se usa cable de señal desbalanceado (el de dos polos), se buscará el indicado para cada uso, y se medirá las distancias, considerando así un cable para una guitarra no mayor de diez metros. Cuanta más distancia, mayor calidad deberá tener el cable, lo que se traduce en un aumento del precio.

En cable desbalanceado doble (cable estéreo de conductos y malla duplicados) que normalmente se utiliza para conectar equipo doméstico el consejo es similar: no alargar excesivamente las distancias y recordar que en el caso de conectar platos, se debe acompañar cada cable con otro extra con toma de tierra entre el dispositivo y el mezclador.

Conectores de señal

Los conectores para señal afectan al resultado más que cualquier otro elemento, dado que cualquier condensación, mala soldadura, mal contacto... se traducirá en un ruido que se hará enorme al amplificar la señal. Un fallo aquí resulta fatal para el resultado final.

Los mejores conectores del mundo son europeos o americanos, distinguiendo marcas como SWICHCRAFT y CANNON, aunque cada vez tenemos conectores chinos, coreanos, japoneses... de mejor acabado y siempre por un precio más discreto.

El conector para cable balanceado es desde hace ya muchos años de tipo XLR (el de los micros). El mínimo en exigencia en este tipo de conector es la existencia de un freno, contactos de tipo macizo y al menos con una cobertura en aleación con plata, y una carcasa resistente ya que soporta el duro trabajo de escenario. En estudio se utilizan conectores tipo jack y tiny telephone (TT) con tres contactos. Estos se deberían comprar con su cable y acabados, no como los jack, los cuales es mejor soldarlos en casa. El rey absoluto en conectores de este tipo es NEUTRIK, ya que, pese a su alto precio, es un jack extremadamente sólido, con freno para el cable, zona de soldadura en aleación de plata y contactos cromados. En los conectores RCA también hay grandes diferencias, ya que por un lado existen cables ya montados y conectores acabados en plástico, que siendo resistentes, se debe mirar por la calidad del cable y que los conectores tengan un mínimo de solidez. El acabado en oro de alguno de ellos mejorará la calidad de transmisión de señal y si existe alguna manera de frenar el cable para no forzar las soldaduras también supondrá alguna ventaja. Este tipo de conector se utiliza casi exclusivamente en equipo doméstico, video e informática. Es muy aconsejable que el conector no ha de manipularse nunca con el equipo encendido.

Cables de carga

El cable de carga es aquel que va desde la amplificación a los altavoces. Son cables de dos polos por altavoz y no sufren los problemas de inducción que citábamos en los cables de señal. Aquí lo que preocupa es la resistencia al paso de la corriente. Esta resistencia reduce sensiblemente la respuesta del altavoz y el ancho de banda de la frecuencia transmitida. La forma de mejorar este problema ha encontrado curiosos recursos con el paso del tiempo. El primero y más fácil fue agrandar la sección de los cables, donde 2,5 milímetros cuadrados es habitual. Pero tampoco siendo una solución casi siempre necesaria es del todo suficiente para una buena calidad de transmisión eléctrica, y el siguiente paso estuvo en cambiar la fisonomía del conductor. Si en la misma sección de cable multiplicas el número de hilos por conductor, mejora sensiblemente la transmisión de corriente al bajar la resistencia al paso de la misma. Estos hilos han de ser del mejor material posible, lo que implica que el cable no sólo sea de primera fundición, sino que también esté libre de zonas oxidadas tanto en la fundición como en la superficie de los cables, dado que esta circunstancia implicaría un aumento de la resistencia del cable al paso de corriente.

La solución que han encontrado los fabricantes es lo que ellos llaman cables OFC (oxigen free cable). Se trata de unos cables que, recién fundidos y trenzados, se cubren con el aislante en caliente, evitando así la presencia de aire y humedad, solucionando de esta manera la aparición de óxido con el paso del tiempo.

Conectores de carga

Los conectores de carga han sido una asignatura pendiente durante muchos años. El contacto directo por bornas o por presión de los equipos domésticos proporciona un coste barato y una solución rápida, pero presenta múltiples problemas con el paso del tiempo (oxidación de las puntas libres...) y en muchos casos, falsos contactos que afectan al rendimiento. También se puede cortocircuitar la salida con el consiguiente daño a la amplificación.

De los conectores cerámicos de los 70, se pasó al uso de jacks (que todavía se ven en amplificadores de guitarra) que presentan poca superficie de contacto, no soportan altas cargas (se calientan) y no se retiene muy bien en el conector hembra (no enganchan con mucha fuerza). Esto llevó a muchos fabricantes a utilizar conectores XLR de los 70 y los 80. Este conector, que es el ideal para señal, en carga funciona bastante bien pero produce confusiones y nos fuerza a estar atentos con el tipo de cable que montamos para cada cosa.

Al final de los 80 aparece el speakon, que en versiones de 2, 4 u 8 contactos, es un conector resistente a los golpes, con freno para el cable, con una gran superficie de contacto que además, al componerse la unión macho-hembra con presión y giro, efectúa el contacto con una mayor fuerza entre los pines de contacto, siendo al día de hoy el conector ideal.

También desde los años 80 se han utilizado otros conectores como los powercon, harting... Muy buenos conectores pero caros, y en algunos casos, débiles a los golpes, lo que ha hecho que sean más raros de ver.

Cables de corriente

Son los cables con los que se enchufa a la red eléctrica toda clase de aparatos para darles alimentación. No parece excesivamente importante pero puede ser determinante en el resultado de un home studio. Hay que considerar que la señal viene siendo solidaria en la malla con la tierra (chasis) de cada aparato. Esto obliga a plantearse la disposición y tomas de tierra. Se verá que los aparatos que necesitan toma de tierra han de tenerla. A su vez, hay muchos que, teniendo la señal solidaria a ella, se puede levantar de la toma de tierra por medio de un interruptor, lo que será muy útil en el caso de que se formen bucles de tierra.

Para evitar bucles de tierra, lo primero es tomar sólo una toma tierra, es decir, que todas nuestras tomas de tierra han de morir en la misma. Es importante que las distancias de toma de corriente entre un aparato y otro sean solidarios en señal, ya que, al dar dos caminos distintos a la tierra se forma un bucle y se necesitará levantarla (por medio de un poco de cinta en el macho aéreo). Así el bucle producido entre la toma 1, la toma 2 y la señal, se rompe en uno de sus puntos.

Conectores de corriente

Los terminales de corriente son de sobra conocidos. No voy a extenderme, pero sí recordar la importancia de dar a cada aparato un cable de tamaño apropiado, con tierra y si es necesario, utilizar un estabilizador de corriente.

4.4.3 Conexiones

Como ya sabemos, son necesarios conectores de tres pines o terminales para llevar señal balanceada, tales como XLR o 1/4" (estéreo). Habitualmente los terminales se nombran como positivo o caliente (hot), negativo o frío (cold) y malla o masa (sleeve o ground).

En el conector de 1/4" lo usual es conectar el positivo a la punta (tip), el negativo al anillo (ring) intermedio y la masa a la malla (sleeve) del cable. Al conector de 1/4" con tres terminales se le denomina también TRS, abreviatura de tip-ring-sleeve (punta-anillo-malla). En cualquier caso, a veces es conveniente asegurarse de que los fabricantes del dispositivo siguen las convenciones habituales de asignación de pines, sea cual sea el conector.

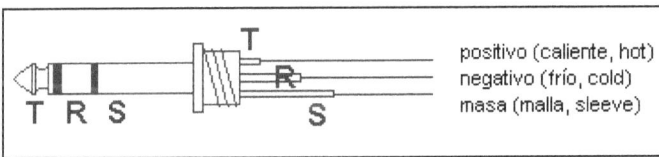

Figura 4.33 Asignación de pines en un conector ¼"

En el conector XLR, hoy en día lo más habitual es asignar los terminales según la norma AES, de forma que se conecta el pin 2 al positivo, el 3 al negativo y el 1 a malla. En el pasado, muchos fabricantes conectaban de forma inversa el 2 y el 3 (casualmente esta era la forma descrita por el fabricante original, Cannon), de manera que la interconexión de equipos podía ocasionar problemas de desfase, aunque hoy en día casi todos los fabricantes parecen haber adoptado la polaridad AES.

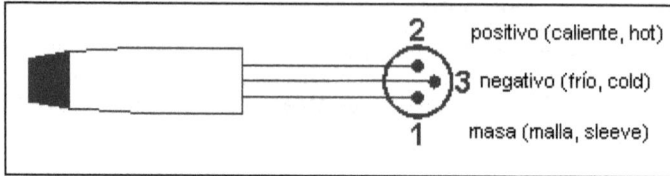

Figura 4.33 Asignación de pines en un conector XLR

La figura 4.34 muestran la conexión desde salidas balanceadas y no balanceadas por diferentes conectores (XLR / Cannon, 1/4" o a veces erróneamente denominado *jack*, phono/RCA/cinch) a entradas balanceadas por conectores XLR y 1".

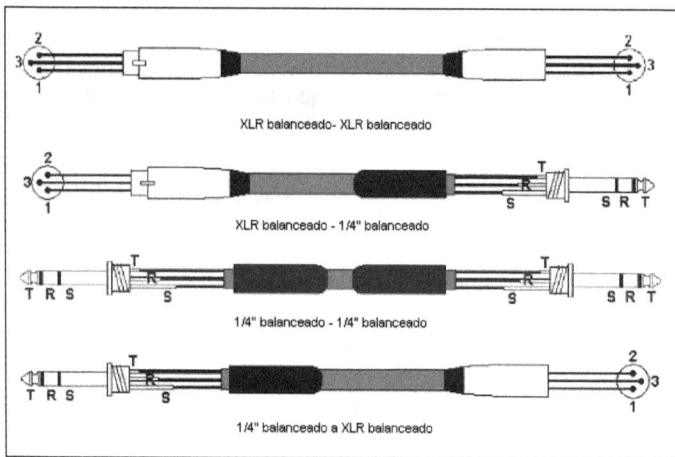

Figura 4.34 Tipos de conexiones entre diferentes conectores

En general, para conectar cualquier tipo de fuente no balanceada a un dispositivo balanceado, la opción más práctica para que todo funcione correctamente es unir dos de los conductores del cable, exactamente el pin malla y el pin negativo, como se observa en la figura 4.35, donde se muestran diferentes combinaciones de conectores donde se realiza la unión de dos conectores en el lado no balanceado.

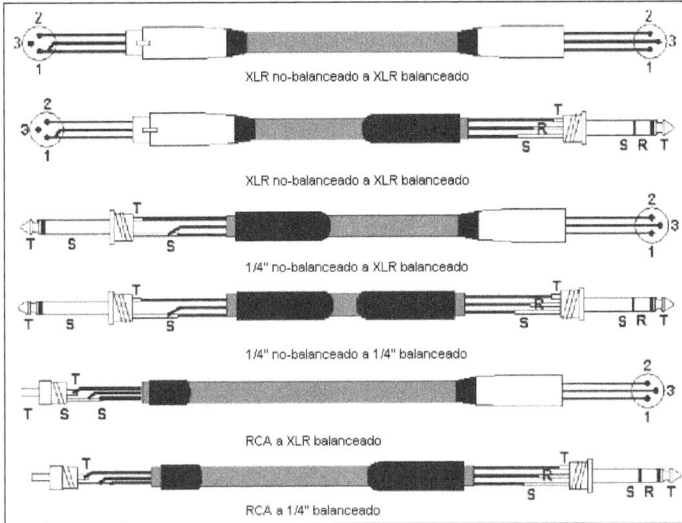

Figura 4.35 Tipos de conectores entre conectores no balanceados y balanceados

4.4.4 Factores asociados al cableado

Existen tres factores importantes asociados al cableado que afectán directamente a la calidad y a la cantidad de la señal que transporta. Dichos factores están relacionados entre sí, es decir, son dependientes unos de otros. Los factores son:

- Impedancia del cable

- Pérdida de potencia

- Longitud del cable

Impedancia del cable

Un cable tiene impedancia (oposición a la corriente eléctrica en función de la frecuencia), capacitancia (se comporta en cierta medida como un condensador) e inductancia (se comporta como una bobina). Sin embargo, hace unos años, un artículo del AES concluyó que las diferencias entre cables eran muy pequeñas en cuanto a capacitancia e inductancia, y sólo reconocía la importancia de la impedancia.

La impedancia del cable puede tener un efecto negativo en el factor de amortiguamiento del amplificador, y como consecuencia, una pérdida en las frecuencias bajas. Se puede definir el factor de amortiguamiento (damping factor) de un amplificador como su capacidad para controlar el movimiento de la bobina de un altavoz. El factor de amortiguamiento se calcula como la relación entre la impedancia (Z) de carga y la impedancia de salida:

$$\text{Factor de amortiguamiento} = \frac{\text{Zcarga}}{\text{Zsalida}}$$

Por ejemplo, una impedancia de salida de 0.02 Ω con una carga de 8 Ω da como resultado un amortiguamiento de 400. Como el factor es directamente proporcional a la impedancia de carga, cuanto menor sea la impedancia, peor será el factor de amortiguamiento. En este ejemplo el amortiguamiento sería de 200 para 4 Ω, 100 para 2 Ω, y, siguiendo la misma lógica, 800 para 16 Ω.

Normalmente se recomienda un factor de amortiguamiento de 50, con un mínimo de 25. Como se ha comentado antes, esto es particularmente importante para las frecuencias bajas. Las cosas se complican cuando añadimos un cable de cierta longitud. La impedancia del cable es directamente proporcional a su longitud e inversamente proporcional a su sección, es decir, que cuanto más grueso menor es su impedancia.

Para calcular el factor de amortiguamiento con un cable real, de una longitud y grosor dados, entre el amplificador y la carga (el altavoz), hemos de añadir a la fórmula anterior un término adicional que es la impedancia del cable.

$$\text{Factor de amortiguamiento} = \frac{Zcarga}{Zsalida + Zcable}$$

Esto nos permite comprobar que, entre mayor sea la impedancia del cable, menor será el factor de amortiguamiento. Hecho que se ve reflejado en la siguiente tabla.

longitud del cable (metros)	factor de amortiguamiento		Impedancia
	4Ω	8Ω	Ω
5	40	80	0,08
10	21	40	0,17
20	11	23	0,33
50	5	9	0,83

Tabla 4.1 Factor de amortiguamiento para cargas de 4 Ω y 8 Ω en un cable de 2 mm² de espesor con amplificador con amortiguamiento de 400 a 8 Ω.

A medida que la impedancia del cable se va haciendo grande con respecto a la impedancia de salida del amplificador, el factor inicial de amortiguamiento del amplificador va tomando menor importancia.

Pérdida de potencia

Puesto que la impedancia del cable está en serie con la del altavoz, el amplificador está entregando energía tanto al altavoz como al cable. Además, al subir la impedancia total del sistema, el amplificador entregará menos potencia. Sin embargo, puesto que los decibelios se calculan de forma logarítmica, el cable ha de ser muy fino y su longitud muy grande para que la pérdida de potencia sea significativa en términos auditivos, o sea, en decibelios.

Se podría decir que una pérdida de 1 dB es aceptable, y una pérdida de 3 dB razonable, lo que equivale a desperdiciar en el cable el 11% y 29% respectivamente, de la potencia que sale del amplificador. Aunque la pérdida de potencia esté dentro de límites razonables, eso no quiere decir que el factor de amortiguamiento sea igualmente razonable. De hecho, desde el punto de vista del factor de amortiguamiento, una reducción de nivel de presión sonora mayor a 0.3 dB no es aceptable. Sin embargo, para aplicaciones de megafonía y sonido ambiente, donde el factor de amortiguamiento no es crítico, se puede utilizar un criterio para la selección del cable basado solamente en la reducción de nivel de presión (o la pérdida de potencia).

longitud del cable (metros)	pérdida de energía(%) 4Ω	8Ω	pérdida de nivel(dB) 4Ω	8Ω
5	2	1	-0,2	-0,1
10	4	2	-0,4	-0,2
20	8	4	-0,7	-0,4
50	17	9	-1,6	-0,9

Tabla 4.2 Pérdida de energía y nivel para cargas de 4 Ω y 8 Ω en un cable del número 14 (2 mm²) con amplificador con amortiguamiento de 400 a 8 Ω

Longitudes máximas para cables

Longitud máxima de cable en sistemas de baja impedancia para obtener calidad máxima.

Sección del cable(mm2)	Número del cable (AWG)	Resistencia del cable para 100m(Ω)	Longitud máxima del cable(m) 2Ω	4Ω	8Ω	16Ω
13,3	6	0,25	24	57	122	253
6,63	8	0,49	12	28	61	126
5,26	10	0,62	10	23	48	100
3,31	12	0,99	6	14	30	63
2,08	14	1,57	4	9	19	40
1,31	16	2,49	2	6	12	25
0,82	18	3,98	2	4	8	16
0,52	20	6,28	1	2	5	10
0,33	22	9,89	1	1	3	6

Tabla 4.3

Longitud máxima de cable en sistemas de baja impedancia para -3 dB:

Sección del cable(mm2)	Número del cable (AWG)	Resistencia del cable para 100m(Ω)	longitud máxima del cable(m)			
			2Ω	4Ω	8Ω	16Ω
13,3	6	0,25	399	807	1622	3252
6,63	8	0,49	199	402	808	1621
5,26	10	0,62	158	319	641	1286
3,31	12	0,99	99	201	404	809
2,08	14	1,57	62	126	254	509
1,31	16	2,49	39	79	160	320
0,82	18	3,98	25	50	100	200
0,52	20	6,28	16	32	63	127
0,33	22	9,89	10	20	40	81

Tabla 4.4

Capítulo 5

ARREGLOS LINEALES – LINE ARRAY
....

Los line array (arreglos lineales) son un grupo de elementos radiantes (altavoces) dispuestos de forma específica en línea recta, muy cercanos entre sí y de forma vertical, operando en fase y con igual amplitud. La particularidad de esta columna de altavoces reside en la manera en que la salida de los altavoces se combinan bajo ciertas circunstancias, controlando la dirección del sonido en el eje vertical.

Este conjunto de altavoces son útiles en aplicaciones donde el sonido debe ser proyectado hacia largas distancias con una gran potencia, ya que su especial diseño permite producir una cobertura vertical muy direccional, o como algunos fabricantes asegurarían, logran emitir una onda sonora cilíndrica. Hecho que no es del todo cierto, como se verá a continuación en las demostraciones teóricas y prácticas.

Figura 5.1 Line array o arreglo lineal

El objetivo primordial de un sistema de refuerzo sonoro es la reproducción sonora más fiel posible al sonido original, y su emisión a la zona de audiencia con una respuesta en frecuencia lo más plana posible y un nivel de presión sonora suficientemente alto para la perfecta escucha del público asistente.

En este sentido, durante los últimos años han tenido una importante evolución esta agrupación de altavoces denominada line array, ofreciendo importantes ventajas sobre otras agrupaciones de altavoces tradicionales como por ejemplo las de tipo *cluster*:

- Menor pérdida de presión sonora al aumentar la distancia, lo que permite utilizar hasta 16 veces menos potencia que en sistemas tradicionales para obtener los mismos o mejores resultados.

- Mejor cobertura y uniformidad en la zona de audiencia debido a las características directivas consiguiendo que todo el sistema se comporte como una única fuente de sonido.

- Reducción importante del tiempo de montaje del sistema completo.

- Niveles superiores de SPL con un número menor de cajas.

Aunque parezca lo último en tecnología de refuerzo sonoro, sus principios de funcionamiento tienen más de medio siglo. Primero fue Auguste Jean Fresnel, en 1814, que pasaría a los anales de la física por sus revolucionarios estudios y descubrimientos en el campo de la óptica, quien demostró una multiplicidad de fenómenos manifestados por las interferencias de la luz polarizada. Fresnel observó que dos rayos polarizados ubicados en un mismo plano se interfieren, pero no lo hacen si están polarizados entre sí cuando se encuentran perpendicularmente. A partir de estos estudios, se pensó en la posible analogía en el campo del sonido en la interferencia entre ondas y se dedujo que para evitar interferencias negativas considerables en la respuesta polar vertical y que la suma entre las fuentes individuales de sonido tenga coherencia, la separación máxima entre cajas ha de ser menor que la mitad de la longitud de onda de la frecuencia más alta que deben de reproducir.

Años más tarde, el físico, Harry F. Olson, explicó de forma matemática el comportamiento de las fuentes sonoras según su número y su separación en su libro *Acoustical Engineering*, publicado en 1947. Esto supuso que, durante las décadas de los 60 y 70, las fuentes lineales tipo cluster tuvieran su gran auge, sobre todo en refuerzos vocales. Estos sistemas consistían en columnas verticales en las que se disponían un número determinado de altavoces de pequeño diámetro, uno sobre otro.

Pero no fue hasta que el Doctor Christian Heil, en 1992, presentara en AES (Audio Engineering Society) el estudio *Fuentes sonoras irradiadas por fuentes múltiples de sonido* cuando se comenzaran a fabricar los primeros line array y, así, consigue poner en el mercado profesional el primer line array, el V-DOSC. Los teóricos de la recién nacida tecnología aseguraban (y posteriormente los técnicos demostraron que estaban acertados) que con esta configuración todo el bloque vertical de altavoces tenía que comportarse como un solo altavoz en lo que respecta a la cobertura horizontal, creando un diagrama de radiación muy estrecho y direccional en sentido vertical pero de una potencia nunca alcanzada hasta el momento.

Por otra parte, la gran diferencia entre los sistemas acústicos en cluster y los line array estriba en la forma del frente de ondas generado por cada uno de estos sistemas. Mientras que en un sistema convencional tipo cluster o fuente puntual de sonido, el frente de ondas generado por cada uno de sus elementos es esférico, expandiéndose tanto en el plano horizontal como en el vertical, una fuente lineal que cumpla las reglas anteriormente descritas (line array), generará un frente de ondas cilíndrico. Más adelante se verá como esta afirmación no es del todo correcta, ya que, en realidad no es que emita una onda cilíndrica como tal, si no que, en unas circunstancias determinadas y específicas, la onda emitida tiene un comportamiento que se asemeja al de una onda cilíndrica.

La primera consecuencia de esto es que en un sistema convencional tipo cluster, por mucho empeño que se haya puesto en el diseño de difusores y guía-ondas, siempre habrá un punto (más lejano cuanto mejor sea el diseño de éstos) en el que existirán interferencias entre los elementos radiantes, creando zonas donde se sumen la señales y otras donde se cancelen, variando el timbre del sistema dependiendo de la posición del oyente.

5.1 TEORÍA DE ARRAYS

Se ha definido el arreglo lineal como un agrupamiento de fuentes sonoras separadas por una distancia concreta con la intención de que el conjunto de fuentes se comporte como una única fuente con características directivas especiales. La conformación del arreglo lineal supone un cambio radical en lo que agrupaciones de altavoces se refiere, ya que está configurado de forma que las ondas sonoras interfieren entre sí de una forma concreta que dota al arreglo de unas características de directividad y potencia acústica emitida excelentes para el refuerzo sonoro en grandes eventos al aire libre.

Es necesario entender el comportamiento de las ondas sonoras en ciertas circunstancias determinadas para entender el complejo funcionamiento de un line array. Según los estudios de Fresnel y Olson, la formación del array debe de partir de tres premisas básicas para obtener los resultados deseados en el arreglo:

1. Para evitar lóbulos importantes en la respuesta polar vertical y que la suma entre las fuentes individuales de sonido sea coherente, la máxima separación entre altavoces ha de ser menor que la mitad de la longitud de onda de la frecuencia más alta del ancho de banda que se va a reproducir.

Los lóbulos surgen cuando, en la directividad de una fuente sonora, existe un determinado ángulo donde no existe atenuación pero en ángulos cercanos a éste, tanto por encima como por debajo, existe una atenuación destacada. Esto supone un dibujo parecido a un pétalo de margarita en el diagrama polar.

2. El factor de radiación activo o ARF del sistema, es decir, el área ocupada por los elementos discretos radiantes (altavoces, difusores) ha de ser mayor del 80% del área total del sistema completo, incluyendo elementos de separación entre cajas.

De estas dos premisas, se puede observar que para que un sistema de line array funcione correctamente y no produzca lóbulos de ninguna magnitud importante en su respuesta polar, es decir, la suma de todos sus elementos radiantes sea coherente y no se produzcan cancelaciones, las cajas deberán estar lo más cerca posible unas de otras en su parte frontal (zona radiante). Cuanto más separadas estén las cajas acústicas entre ellas, menor será su factor de radiación activo y menos coherencia habrá en la suma de sus elementos individuales.

3. La curvatura del frente de ondas generado por los elementos radiantes (altavoces, difusores) ha de ser menor que la cuarta parte de la longitud de onda de la frecuencia máxima que ese elemento vaya a reproducir. Por ejemplo, en la vía de agudos, la curvatura máxima del frente de ondas generado por los difusores de los motores de compresión, para que haya una suma coherente de todos ellos hasta los 16 KHz, ha de ser menor de 5 mm.

Existen varios tipos de configuraciones de line arrays, pero todos ellos parten de estas premisas que deben cumplir para poder tener el comportamiento que caracteriza un arreglo lineal. Por ello, en este apartado, se empieza explicando ciertos conceptos básicos para, a continuación, presentar el funcionamiento de los line arrays y sus especiales características, y por último, sus posibles variantes.

5.1.1 Clases de ondas

5.1.1.1 ONDAS ESFÉRICAS

Según la ley de la inversa de los cuadrados, se obtiene una atenuación del nivel de presión sonora de 6 dB cada vez que se dobla la distancia. Esto es debido a la propagación del sonido como frente de ondas esféricas. Así, cada vez que se dobla la distancia del oyente a la fuente, la energía radiada se dispersa en un área 4 veces superior, por lo que la densidad de energía se reduce a una cuarta parte, lo que supone esa caída de 6 dB.

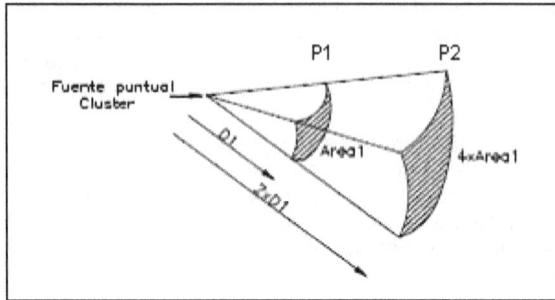

Figura 5.2 Emisión sonora de una onda esférica

I=intensidad; P= potencia acústica; A=área

$$I1=P/A= P/4\pi D^2$$

$$I2=P/A= P/4\pi(2D)^2$$

$$I1/I2=4$$

$$10logI1/I2=-6dB$$

Este tipo de ondas las producen las fuentes de sonido puntuales, al igual que sistemas convencionales tipo cluster.

5.1.1.2 ONDAS CILÍNDRICAS

Una onda cilíndrica no se dispersa tanto hacia los ejes verticales, concentrando su energía a lo largo del eje horizontal, siendo menor el área donde se dispersa. En un line array, el frente de ondas generado es cilíndrico, manteniéndose constante en el plano vertical. Este frente de ondas es casi plano y por ello no existen interferencias entre cada una de las fuentes, por lo que tenemos una suma coherente comportándose como una única fuente de sonido.

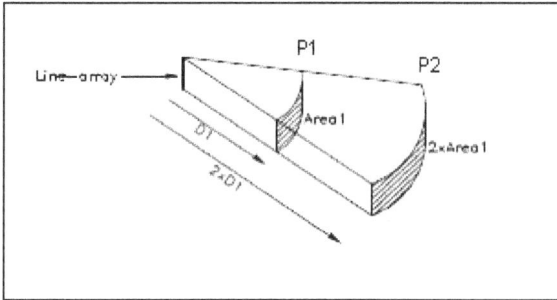

Figura 5.3 Emisión sonora de una onda cilíndrica

I=intensidad; P= potencia acústica; A=área

$$I1=P/A=P/2\pi Dh$$

$$I2= P/A=P/4\pi(2D)h$$

$$I1/I2=2$$

$$10logI1/I2=-3dB$$

De esta figura se aprecia que cada vez que doblamos la distancia del oyente al line array, el área en la que se dispersa toda la energía del sistema dobla su tamaño (no la cuadriplica como la onda esférica), por lo que esta densidad de energía se reduce sólo a la mitad, lo que equivale a una caída de 3 dB.

En realidad, una línea de fuentes sonoras creará un frente de onda de presión con forma cilíndrica sólo en una cierta gama particular de longitudes de onda, es decir, en ciertas frecuencias (más concretamente en frecuencias bajas y medias). Por lo cual no se puede tomar el rango completo de frecuencias que genera una caja de tres vías como un generador de ondas cilíndricas.

5.1.2 Modelo de interferencia

Este es el término aplicado al modelo de diagrama polar, o el patrón de respuesta de un arreglo lineal. Esto simplemente quiere decir que cuando se apila un conjunto de altavoces, los ángulos de cobertura vertical decrecen y los ángulos de cobertura horizontal no varían, formando el llamado modelo de interferencia que caracteriza a los line array. Cuanto más alto sea el arreglo, más estrecho será el ángulo de cobertura vertical y mayor será la sensibilidad sobre el eje. En el plano horizontal, una serie de transductores parecidos tendrá el mismo patrón polar que un solo transductor. Todo esto es producido por las interferencias entre las señales de cada altavoz, por ello, con una buena disposición de éstos podemos obtener un diagrama polar real con ángulos de cobertura vertical y horizontal como el de un solo transductor.

5.1.3 La propagación en campo cercano y campo lejano

Como la longitud del array no es infinita, existirá un punto, dependiendo de la frecuencia, cuyo frente de onda resultante pasará de ser cilíndrico a esférico. Este punto es el que separa el campo cercano del campo lejano, es decir, el límite en el que el array pasa de tener 3 dB de pérdida cada vez que se dobla la distancia a parecer una fuente puntual y su nivel comienza a atenuarse según la ley del inverso del cuadrado en 6 dB por el doble de distancia. Por ello cuanto mayor sea el número de cajas más lejos se situará el campo cercano.

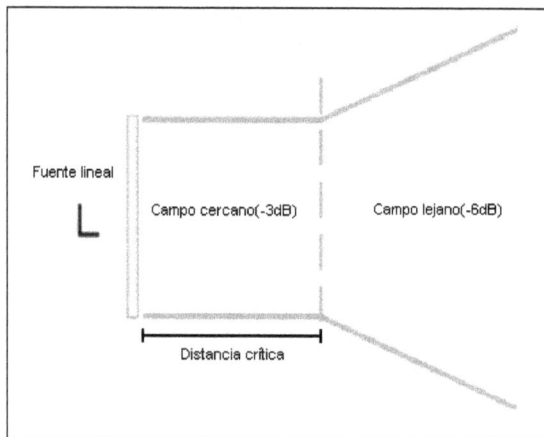

Figura 5.4 Pérdidas de nivel según el campo sonoro

La transición entre estas dos regiones se conoce como la distancia crítica o distancia frontera para los arreglos lineales. La región que va desde la fuente hasta la distancia crítica es llamada región de Fresnel, y la región más allá de la distancia crítica (dependiendo siempre del arreglo), es llamada región de Fraunhofer, llamada así por Christian Heil en L´Acoustic. La distancia crítica dada para una determinada longitud de un arreglo lineal varía según la frecuencia de la señal emitida. Longitudes de onda más cortas (frecuencias más altas) tienen distancias críticas mucho más lejanas que longitudes de onda más largas (frecuencias bajas). En la teoría, esto quiere decir que, a distancias mayores, un arreglo lineal mantendrá más el contenido de altas frecuencias que de bajas frecuencias. Sin embargo, la atenuación del aire en los agudos condicionará también esta característica. De una forma rápida, se puede calcular dicha distancia con la siguiente fórmula, aunque más adelante se verá otra forma más exacta de obtenerla.

$$D = \frac{H^2 f}{2c}$$

D es la distancia crítica que divide el campo cercano y el campo lejano

H es la altura del array (m)

f es la frecuencia (Hz)

c es la velocidad del sonido

Realmente el comportamiento en el campo cercano de los arreglos lineales es más complejo. Cualquier punto dado en el campo cercano está sobre el eje de uno solo de los difusores de alta frecuencia altamente direccionales, pero recibe la energía de baja frecuencia de la mayor parte de los componentes del arreglo. Por esta razón, añadir más componentes al arreglo aumentará la energía de baja frecuencia en el campo cercano, pero las altas frecuencias permanecerán igual.

Por ello, los arreglos lineales necesitan ecualización para aumentar las altas frecuencias en campo lejano, la ecualización efectiva compensa la pérdida por propagación y en el campo cercano, compensa la suma constructiva de las bajas frecuencias y la proximidad a la guía de onda de alta frecuencia, elemento que se suele añadir a los arreglos para dirigir el sonido a una zona determinada.

5.1.4 Directividad

Para comprender la directividad de un array hay que tener claro que la intensidad de una fuente de sonido en un campo libre se define por la siguiente fórmula: Intensidad=Potencia/Área=I=P/4πr²

El factor de directividad Q se define como la relación entre la intensidad en el eje de la fuente sonora a una determinada distancia y la intensidad en puntos fuera del eje a la misma distancia. El índice de directividad de un altavoz (DI) se calcula de la siguiente forma:

$$DI=10log\ Q$$

Por lo tanto, se obtiene que para una fuente:

- **Puntual:** radia en un campo libre y un medio homogéneo, la fuente puntual producirá un frente de onda esférico. Q=1; DI=10log 1 =0.

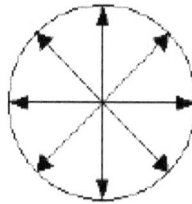

Figura 5.5 Radiación de una fuente puntual

- **Hemisférica:** radia en la mitad del área que la fuente puntual, por lo tanto Q=2. Lo que supone un aumento en el índice de directividad. Q=2; DI=10log 2=+3dB.

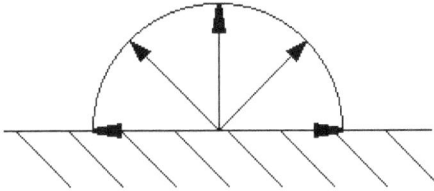

Figura 5.6 Radiación de una fuente hemisférica

El conjunto de altavoces del arreglo lineal forma una columna con una radiación en un solo sentido, lo que supone un comportamiento como fuente hemisférica aproximadamente, ya que dentro de ese hemisferio se producirán interferencias entre las señales de cada altavoz.

Los arreglos lineales logran su directividad mediante interferencia constructiva y destructiva. La directividad del altavoz varía con la frecuencia, a baja frecuencia es omnidireccional y al disminuir la longitud de onda, es decir, conforme aumenta la frecuencia, su directividad se estrecha. Al apilar dos altavoces, uno sobre el otro, y operar ambos con la misma señal da como resultado un patrón de radiación diferente al que tenía cada uno por individual. En puntos sobre el eje, entre ambos altavoces habrá interferencia constructiva y la presión sonora aumentará 6 dB relativos a la presión sonora de una sola unidad. En otros puntos fuera del eje, la diferencia entre las trayectorias de las ondas producirá cancelaciones, dando como resultado un nivel de presión sonora menor. Esta interferencia destructiva es el mencionado "combing".

Como se ha mencionado antes, una idea errónea y bastante común respecto a los line array es creer que estas fuentes sonoras son capaces de emitir una onda cilíndrica, a diferencia de la propagación del sonido emitido por cualquier fuente sonora, que es de forma esférica. Esta conclusión se les suele atribuir debido a que, en un line array, bajo ciertas circunstancias, las características de presión sonora y su patrón de directividad se asemejan a la dispersión del sonido a través de ondas cilíndricas. Pero esto no significa que las ondas sonoras de dos altavoces apilados formen una única onda sonora con forma cilíndrica, las ondas no modifican la trayectoria de otras ondas al cruzarse. Podemos comprobar lo explicado colocando dos cajas en arreglo "crossfire" (Fuego Cruzado: patrones cruzados en la salida de la trompeta). Podemos observar en el mapa de presión sonora que una no afecta a la otra en su eje, por lo que a cobertura y presión se refiere.

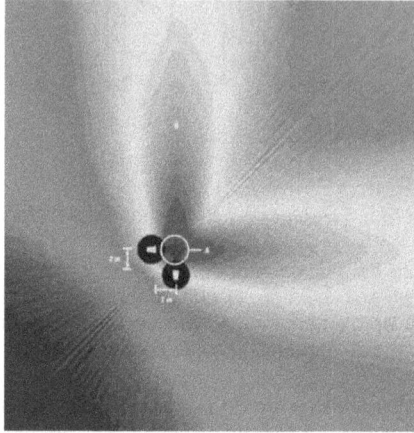

Figura 5.7 Mapa de presión sonora de dos cajas en fuego cruzado

Lo que sí es cierto es que la directividad del conjunto de altavoces, o sea del array, en el eje vertical es totalmente diferente a la de cada altavoz por individual, debido a que las interferencias destructivas aparecen a los lados de los altavoces y las constructivas aparecen en el eje del arreglo, obteniéndose, si se conforma el arreglo de forma correcta, un frente de onda estrecho en el eje vertical que nos da como resultado la pérdida de 3 dB al doblar la distancia, característica que tiene una onda cilíndrica. Por el contrario, la directividad en el eje horizontal no varía con respecto a la directividad de los altavoces por sí mismos.

5.1.5 Fase acústica

Se podría decir que la fase acústica de las señales emitidas por los altavoces es el "quid" de la cuestión en los arreglos lineales. Como es sabido, la característica particular de los arrays procede de las interferencias constructivas y destructivas entre las ondas sonoras emitidas por los distintos altavoces. Estas interferencias forman un nuevo patrón de directividad. Lo que se busca en el patrón de directividad es que las cancelaciones o interferencias destructivas se produzcan a los lados del eje y las constructivas, lo más cercano posible al eje, creando así un frente de onda con una pérdida de 3 dB al doblar la distancia.

Los altavoces del array emiten señales iguales, pero, al ser un conjunto de altavoces, cada señal tiene un origen diferente, ya que parten de altavoces diferentes. Estas señales sonoras, al interferirse en un punto determinado, llegan con distinta fase, ya que han recorrido caminos diferentes. La diferencia de fase con que las señales se interfieren determinará el resultado de la suma, produciéndose cancelación o incremento de la señal. Por lo tanto, es imprescindible conocer el resultado de la suma de dos señales con diferentes fases para comprender el porqué de los arreglos lineales.

A continuación se puede observar el efecto que se obtiene cuando dos ondas sonoras interfieren con el mismo nivel (valor de pico=1V) y la misma polaridad para diferentes diferencias de fase y, así, calcular los decibelios que aumentará o disminuirán a partir de la siguiente fórmula:

ΔdB=20log(Vp señales combinadas/Vp señales independientes)

Las dos señales se interfieren con la misma fase: Diferencia de fase=0°

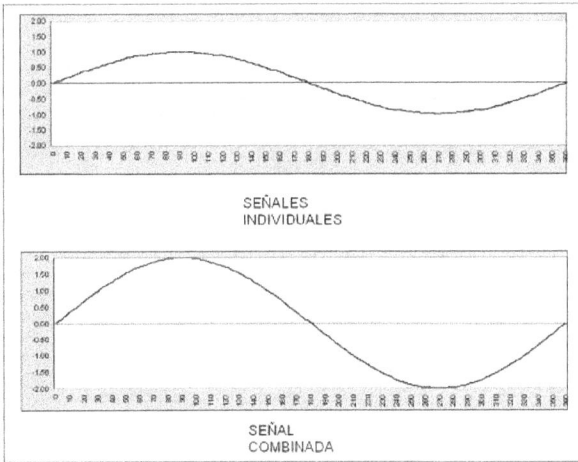

SEÑALES
INDIVIDUALES

SEÑAL
COMBINADA

Figura 5.8 Interferencia de dos señales con diferencia de fase 0°

Se puede observar que las dos señales, al combinarse con la misma fase, se han sumado, obteniéndose como resultado un aumento del valor de pico de la señal del doble. Lo que supone una interferencia constructiva.

Vp señal resultante=2V

$\Delta dB=20log\ (2/1)=6dB$

Las dos señales llegan con un desfase de 90º

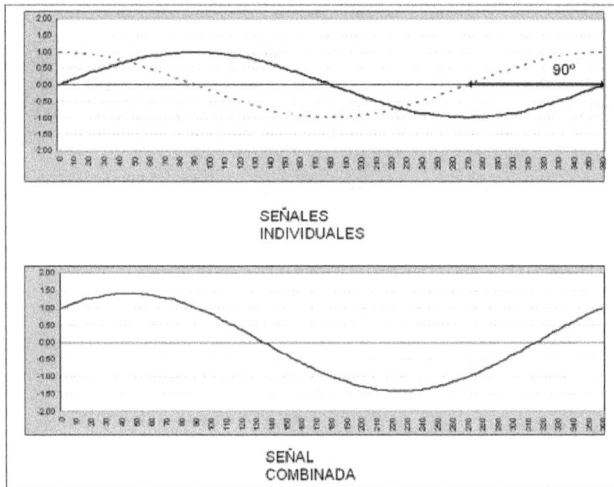

Figura 5.9 Interferencia de dos señales con diferencia de fase 90º

Al combinarse las señales con un pequeño desfase de 90º, se sigue produciendo una interferencia constructiva, pero en esta ocasión, el resultado de la suma de las señales es menor.

Vp señal resultante=1.41V

$\Delta dB=20log\ (1.41/1)=3dB$

Las dos señales llegan con un desfase de 120º

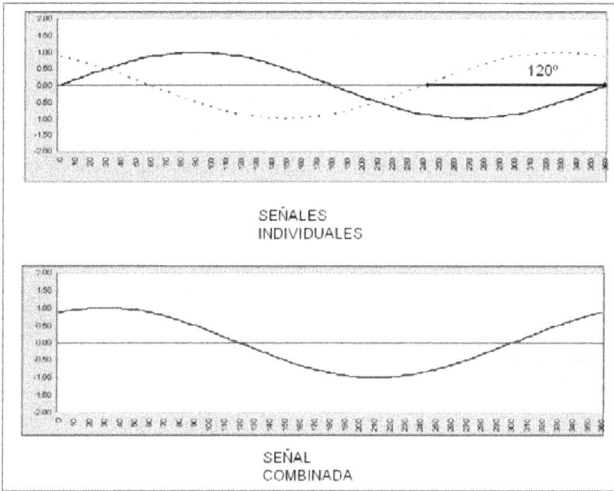

SEÑALES
INDIVIDUALES

SEÑAL
COMBINADA

Figura 5.10 Interferencia de dos señales con diferencia de fase 120°

Con 120° de desfase entre las dos señales, la señal resultante queda prácticamente igual que las señales originales, por lo que no se produce ninguna cancelación ni suma.

$$Vp=1V$$

$$\Delta dB=20log(\ 1/1\ )=0dB$$

Las dos señales llegan con un desfase de 150°

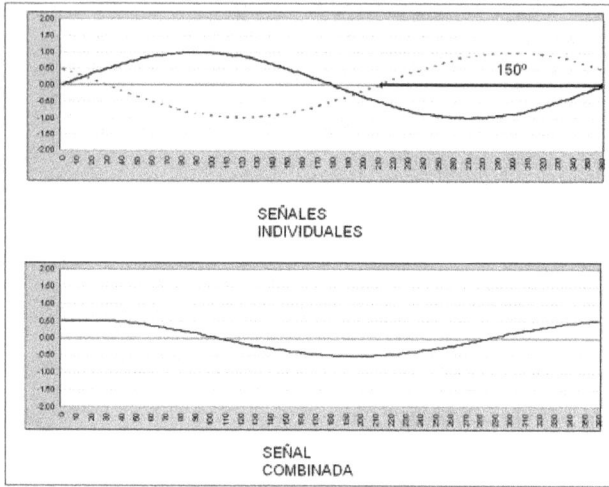

Figura 5.11 Interferencia de dos señales con diferencia de fase 150°

Con 150° de desfase entre las señales empiezan a aparecer las primeras cancelaciones. En este caso, la señal resultante queda con la mitad de valor de pico que las originales.

$$Vp=0.5V$$

$$\Delta dB=20log(0.5/1)=-6dB$$

Las dos señales llegan con un desfase de 180º

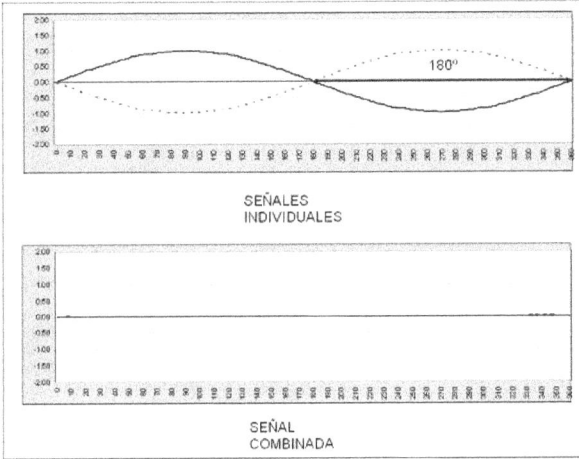

Figura 5.12 Interferencia de dos señales con diferencia de fase 180°

Como es lógico pensar, al combinarse dos señales idénticas en contrafase, es decir, con un desfase de 180º, una resta a la otra, dando como resultado una señal nula. Esto supone una cancelación máxima.

$$Vp=0V$$

$$\Delta dB=20log(0/1)=-100dB$$

Para los desfases de 210°, 240°, 270° y 360° ocurre lo mismo que con los desfases de 150°, 120°, 90°, 0° respectivamente como se puede en la figura 5.13:

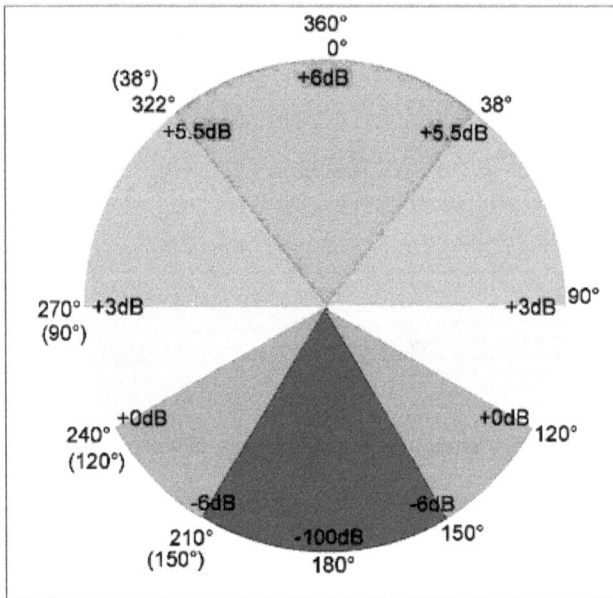

Figura 5.13 Resultado en dB de la interferencia entre dos señales iguales dependiendo de la diferencia de fase

Teniendo en cuenta el diferente comportamiento que se ha visto de dos señales iguales que interfieren entre sí con distintos desfases entre ellas, se puede analizar y observar el comportamiento de dos fuentes puntuales reales al ir variando la distancia entre ellas, ya que la diferencia de distancia entre las fuentes determinará la diferencia de fase con que lleguen las señales a cada punto. Este comportamiento fue estudiado por el Dr. Harry F. Olson, que comprobó matemáticamente los diferentes diagramas polares que se obtienen al variar la distancia entre dos fuentes. Las ilustraciones que se van a mostrar han sido obtenidas con dos subwoofer que emitirán señales de 100 Hz y con la siguiente fórmula se calcula el desplazamiento vertical de fase, es decir, con qué desfases se interferirán las dos señales en el sentido vertical, comprobando así lo anteriormente explicado:

Desplazamiento vertical de fase = d(m) * f(Hz) * 360° / c

d=distancia entre elementos

f=frecuencia

c=velocidad del sonido=340m/s

      Las diferentes separaciones entre fuentes en Olson estudió fueron 1/4λ, 1/2λ, λ, 3/2λ, 5/2λ, por lo tanto:

Mapa de presión sonora para 2 elementos distanciados 1/4λ=0,85m

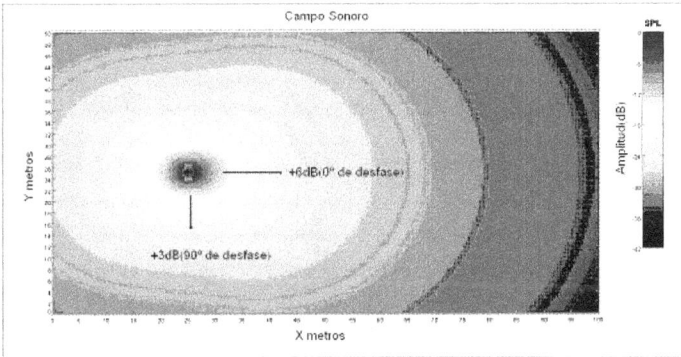

Figura 5.14 Mapa de presión sonora de un line array

Desplazamiento vertical de fase = 0,85m * 100 * 360° / 340 = 90°

Mapa de presión sonora para 2 elementos distanciados 1/2λ=1,7m

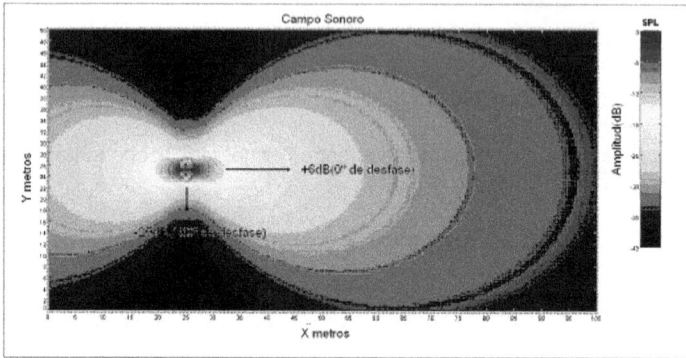

Figura 5.15 Mapa de presión sonora de un line array

Desplazamiento vertical de fase = 1,70 * 100 * 360° / 340 = 180°

Mapa de presión sonora para 2 elementos distanciados λ=3,4m

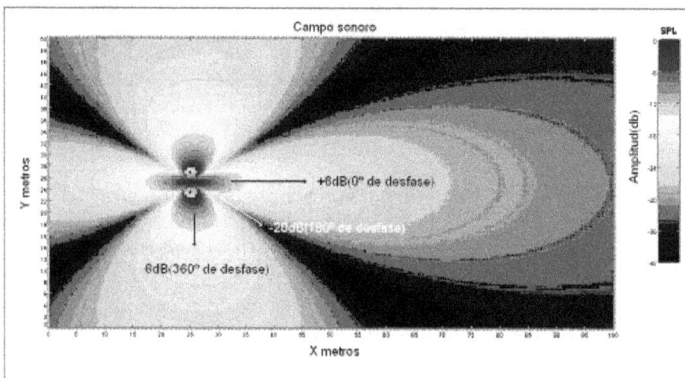

Figura 5.16 Mapa de presión sonora de un line array

Desplazamiento vertical de fase = 3,40 * 100 * 360° / 340 = 360°

Mapa de presión sonora para 2 elementos distanciados 3/2λ=5,1m

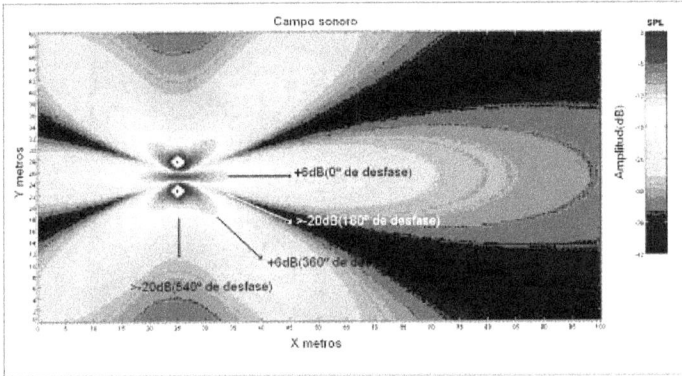

Figura 5.17 Mapa de presión sonora de un line array

Desplazamiento vertical de fase = 5,10 * 100 * 360° / 340 = 540°

Mapa de presión sonora para 2 elementos distanciados 2λ=6,8m

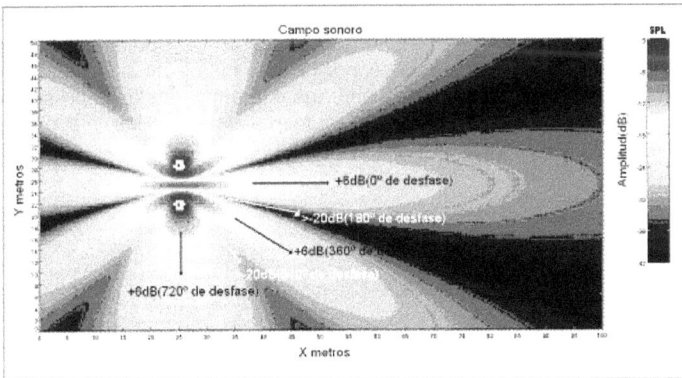

Figura 5.18 Mapa de presión sonora de un line array

Desplazamiento vertical de fase = 6,80 * 100 * 360° / 340 = 720°

Mapa de presión sonora para 2 elementos distanciados 5/2λ=8,5m

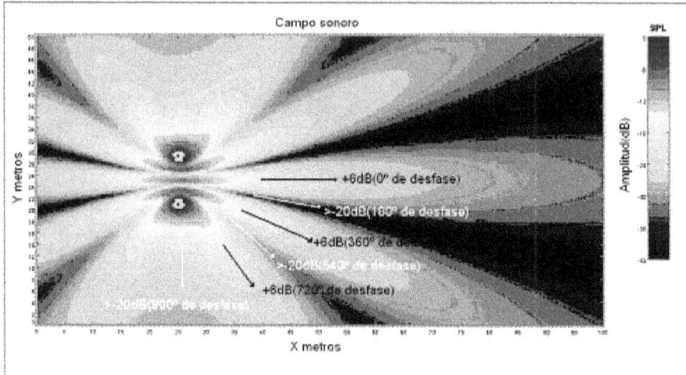

Figura 5.19 Mapa de presión sonora de un line array

Desplazamiento vertical de fase = 8,50 * 100 * 360° / 340 = 900°

Además del desfase entre señales y la separación entre los elementos del array, hay otro factor que hace que el campo sonoro resultante reproducido sea diferente: el número de fuentes del arreglo. El número de elementos que se utilizan en un array determina la potencia de sonido que va a emitir éste. Se puede observar en las siguientes imágenes cómo los niveles altos de presión sonora llegan más lejos al ir aumentando el número de elementos del array para los diferentes desfases de señales, ya que el área de suma de señales aumenta debido a las interferencias positivas entre las señales de cada elemento.

Campo sonoro de un array con diferente número de elementos para señales con desfase de 90°

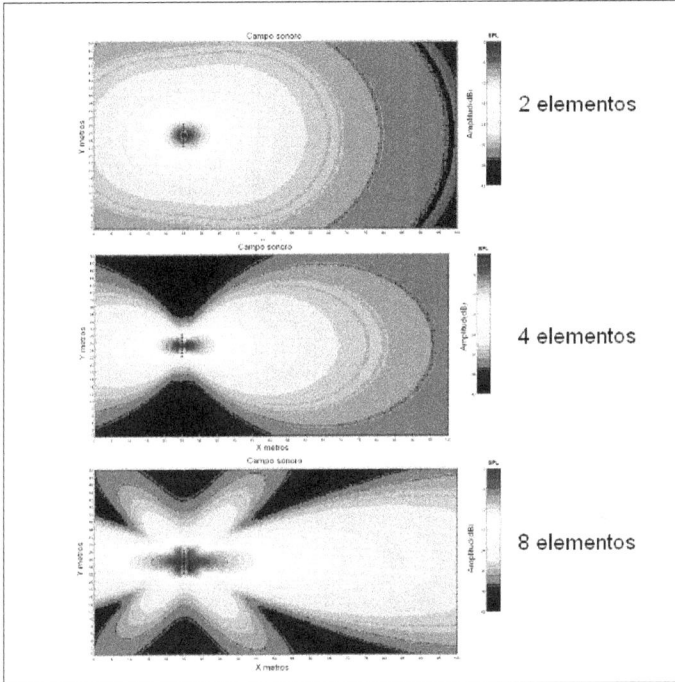

Figura 5.20 Mapas de presión sonora de un line array de 2, 4 y 8 elementos

Campo sonoro de un array con diferente número de elementos para señales con desfase de 180º

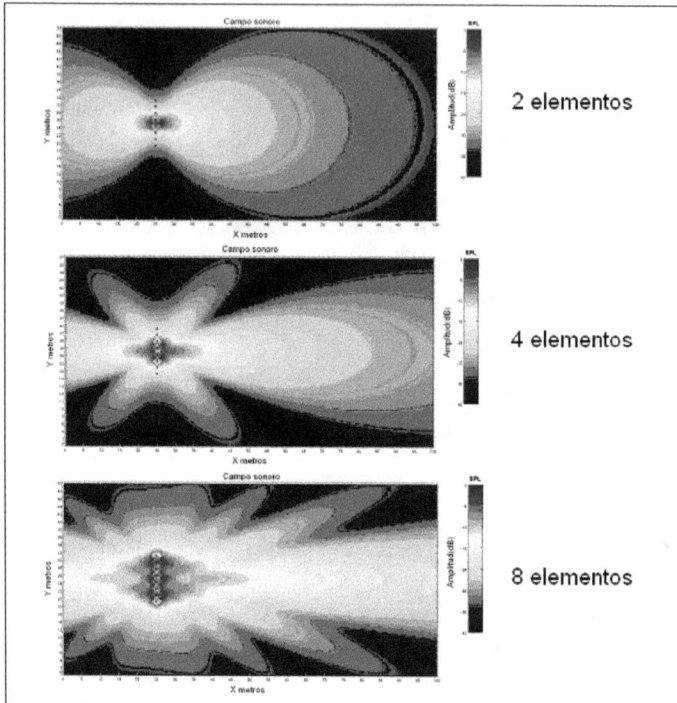

Figura 5.20 Mapas de presión sonora de un line array de 2, 4 y 8 elementos

Campo sonoro de un array con diferente número de elementos para señales con desfase de 240°

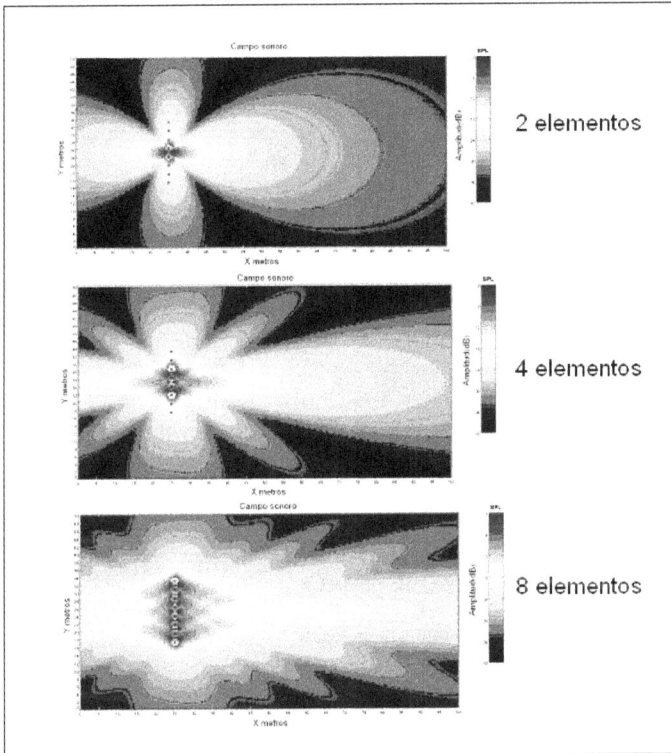

Figura 5.20 Mapas de presión sonora de un line array de 2, 4 y 8 elementos

Se puede observar como, para diferentes desfases entre señales, en todos, al aumentar el número de elementos del arreglo lineal, el área de suma aumenta considerablemente, desapareciendo prácticamente los lóbulos en la parte frontal del array y obteniéndose niveles de amplitud más altos en posiciones más alejadas.

Hay que tener en cuenta que, en los ejemplos que hemos mostrado, se han utilizado fuentes omnidireccionales. Si se utilizaran fuentes direccionales, el mapa de presión sonora variaría un poco, viéndose aumentados los niveles de presión sonora en las zonas más alejadas.

5.1.6 Altas frecuencias

Las altas frecuencias son un tema aparte en los arreglos lineales, y deben tener un tratamiento específico para una buena reproducción. Como se ha visto anteriormente, en todos los ejemplos que se han utilizado para explicar el funcionamiento de un arreglo se han utilizado bajas y medias frecuencias. Esto es debido a que los sistemas de arreglo lineal actúan como arreglos lineales en las frecuencias medias y bajas únicamente. Por encima de la frecuencia de 1 KHz el array empieza a perder sus características directivas debido a que la distancia que debería separar a los transductores, en frecuencias altas, para que tengan el comportamiento directivo del resto del arreglo es muy pequeña comparado con el tamaño de éstos. Es decir, los transductores de altas frecuencias no se pueden juntar tanto como requieren las condiciones para el funcionamiento correcto del array.

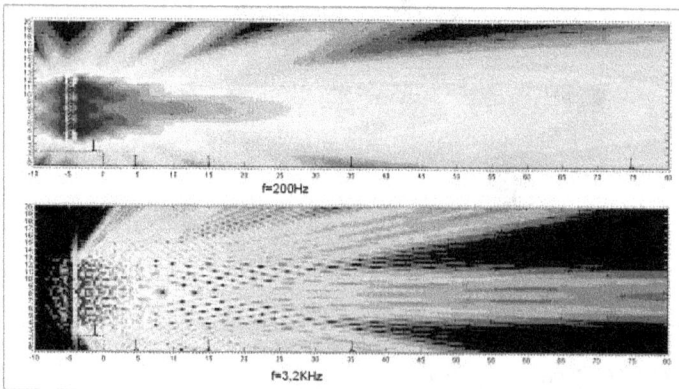

Figura 5.21 Mapa de presión sonora de un arreglo lineal para 200 Hz y 3,2 Hz

Para compensar la pérdida del control del patrón de directividad y la aparición del comb filter en el área de cobertura, algún otro método debe ser usado para obtener unas características direccionales en las frecuencias altas que igualen las de los medios y los graves. El método más práctico para sistemas de sonorización es usar guías de onda (difusores) acoplados a altavoces de compresión.

En vez de usar interferencia constructiva y destructiva, los difusores logran la direccionalidad al reflejar el sonido en un patrón de cobertura específico. En un sistema de arreglo lineal correctamente diseñado, dicho patrón debe ser muy parecido a las características de direccionalidad de baja frecuencia del arreglo: una cobertura vertical muy estrecha y una cobertura horizontal amplia. (Una cobertura vertical estrecha tiene la ventaja de minimizar los tiempos de llegada múltiples, que dañarían la inteligibilidad). Si esto se logra, entonces los elementos de la guía de onda pueden ser integrados al arreglo lineal y, con ecualización y crossovers apropiados, el haz de las altas frecuencias y la interferencia constructiva de las bajas frecuencias pueden alinearse de manera que el resultado sea un arreglo que proporcione una cobertura adecuada en todo el rango de frecuencias.

5.1.7 Procesador digital de la señal (DSP)

El procesador de señal digital o DSP es un elemento importante que se introduce en los arreglos. Como es lógico pensar, las señales que se emiten a través de un arreglo lineal no van a ser señales de una sola frecuencia como se ha visto en los casos explicativos de la teoría de arrays, sino que se emitirán una gran variedad de frecuencias que deben ser tratadas para que su emisión sea lo más fiel posible. Este tratamiento de la señal se hace a través del DSP, el cual permite realizar un control de la dirección del haz de sonido mediante la introducción de delays en las señales de cada altavoz y realizar un control de la dispersión mediante filtros que separarán las señales en diferentes rangos para que cada margen de frecuencia sea reproducido por el altavoz indicado. Todo ello se trata de forma digital en el DSP.

5.1.7.1 CONTROL DEL HAZ

El control del haz de sonido es muy importante, ya que el array se suele situar en posiciones elevadas y se desea que el haz sea direccionado hacia el público de forma que cubra toda el área posible. Cuando los elementos de un array se acoplan acústicamente, el resultado es un frente de onda que podemos considerar paralela al array. Al introducir delays en las señales que van llegando a cada elemento del array podemos conseguir que el frente de onda se desvíe hacia abajo con un cierto ángulo a la zona que nos interesa.

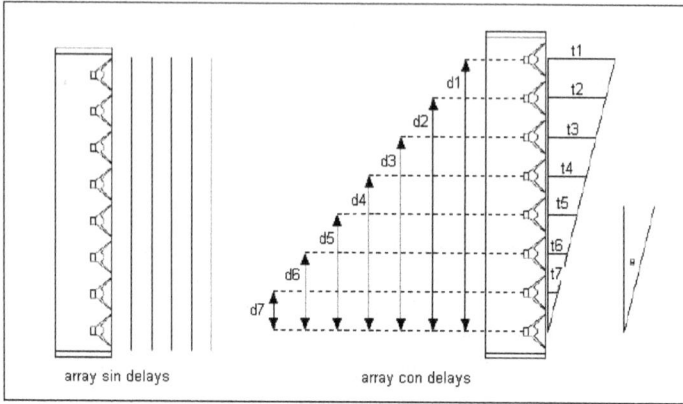

Figura 5.22 Frente de onda de un array sin y con delay

Para obtener un ángulo determinado θ del haz del array, se introducen una serie de retardos (delays) diferentes en la señal de cada elemento (altavoz). Los delays que se tienen que introducir se calculan fácilmente a partir del ángulo deseado y las distancias entre los elementos (d) de la siguiente forma:

t1	d1*tan θ
t2	d2*tan θ
t3	d3*tan θ
t4	d4*tan θ
t5	d5*tan θ
t6	d6*tan θ
t7	d7*tan θ

Tabla 5.1

Las t que se han calculado no son los delays que se deben introducir, ya que son distancias, pero simplemente conociendo la velocidad del sonido (343 m/s) podemos hacer una conversión espacio-tiempo:

$$Delay = t/343$$

En los modelos de arrays más actuales no es necesario calcular los delays que se han de aplicar, ya que disponen de un programa, en el cual se introduce los grados de inclinación deseados y dicho programa calcula y asocia los retardos a los correspondientes elementos. También existe la posibilidad de crear dos haces de sonido con ángulos de diferente signo, si las necesidades de la situación del público lo requieren.

5.1.7.2 CONTROL DE LA DISPERSIÓN

Como se ha repetido varias veces, la naturaleza del array es formar un haz de sonido estrecho en el plano vertical para que, así, los elementos del arrays se comporten como una única fuente con propiedades de ondas cilíndricas. El principal problema del ancho del haz es la dependencia de la frecuencia. La directividad del array depende de la separación entre elementos del array que va variando según la longitud de onda, esto supone que para longitudes de onda largas, es decir, bajas frecuencias, la longitud del array debería ser lo más larga posible para alcanzar un haz estrecho y para longitudes de onda cortas, es decir, altas frecuencias, el array debería ser lo más corto posible para mantener ese mismo ancho del haz.

Para un array de 8 elementos, la máxima longitud de éste se produce cuando los 8 elementos están activos y la más pequeña cuando sólo uno está activo. La forma de variar la longitud efectiva del array en relación con la longitud de onda o frecuencia que se vaya a emitir sería filtrando cada canal para que sólo estén activos los elementos que convenga a determinadas frecuencias. Este procedimiento es llamado tapering o shading.

Hay dos tipos de filtros usados para obtener dicho resultado. Los filtros IIR (Infinite Impulse Response) en un procesador DSP (procesadores digitales) actúan justo como un crossover analógico, y como sus filtros de ecualización, las características de amplitud y fase están interrelacionadas de una manera fija, por lo cual, una depende de la otra. Un aumento o un corte de los filtros produce en la respuesta de fase eléctrica un cambio exacto en relación a los dB sumados o restados. Los filtros FIR (Finite Impulse Response) tienen la capacidad de manipular la fase de forma independientemente de la de amplitud. Su principal función en los arreglos lineales es la de corregir las cancelaciones por distancia entre los transductores que se procesen independientemente con distintos filtros.

5.2 DISEÑO DE UN ARRAY

Conociendo el comportamiento teórico de esta serie de dispositivos, cabe aclarar que el término line array se va a definir como un conjunto de fuentes sonoras elementales idénticas, situadas una encima de la otra, formando una columna. Por lo tanto, será necesario definir una serie de términos con los que caracterizar a estos dispositivos para poder diseñar dicho dispositivo:

- El tamaño de un altavoz individual se va a representar por la letra **D**.

- El número de fuentes sonoras apiladas verticalmente se va representar por la letra **N**.

- El tamaño global de todo el sistema se va a representar por la letra **H** para determinar la altura y **a** para la anchura.

- A la distancia de separación entre los centros de 2 fuentes sonoras contiguas se le va a denominar distancia **STEP**.

- A la distancia de audición se le denomina **r**.

La longitud del arreglo y el espacio entre los transductores son los parámetros más importantes de éste, ya que determinarán en gran parte su comportamiento. Para el diseño del arreglo, supone un contrasentido la elección de la longitud del arreglo con respecto al espacio entre los transductores. Por un lado, nos interesa que el array posea el mayor número de elementos posible para obtener mejores resultados como antes se ha visto. La frecuencia más baja que reproducirá el arreglo depende de la longitud de éste. Entre más largo, más baja será la frecuencia de corte. Así pues se entiende que la longitud efectiva del arreglo viene dado por:

$$H = (N^*d) + (N-1)^*g$$

d=diámetro del altavoz; g=espacio entre altavoces

Al comportarse el array como una sola fuente, la longitud de onda más larga que puede reproducir será la longitud efectiva de éste, por lo que se puede calcular la frecuencia más baja de la siguiente forma:

$$fmin=c*\lambda$$

siendo $\lambda=H$ y $c=343m/s$

Por el contrario es sabido que para frecuencias altas, lo que interesa es que la separación entre los transductores sea lo más pequeña posible. Entre menor sea la distancia entre los transductores, más alta será la frecuencia reproducible. La frecuencia máxima viene dada por:

$$fmax=c/(2*g)$$

siendo g la distancia entre transductores

Para que realice su funcionamiento teórico, el sistema formado por *N* fuentes sonoras se debe comportar como una única fuente lineal de altura *H*, de manera que el campo sonoro generado por un line array se pueda aproximar al generado por una fuente sonora rectangular. Para el análisis del campo sonoro, se realiza una división de éste, en dos zonas bien diferenciadas: la zona de Fresnel y la zona de Fraunhofer.

La presión sonora producida por un line array de cajas acústicas, en condiciones de campo lejano (*r>>H*) o lo que es lo mismo en la región de Fraunhofer, va a ser directamente proporcional a *$1/r^2$* ya que la propagación de la onda sonora dentro de esa zona va a ser esférica. Por el contrario, si nos encontramos dentro de la región de Fresnel, o lo que es lo mismo, en condiciones de campo cercano (*r<<H*), la propagación de la onda sonora va a ser cilíndrica, por lo que la presión sonora va a ser directamente proporcional a *$1/r$*.

Hablando en términos de Nivel de Presión Sonora (*SPL*), un sistema line array va a perder, teóricamente, 3 dB cada vez que se doble la distancia, si nos encontramos dentro de la región de Fresnel, mientras que si estamos dentro de la región de Fraunhoffer, esa pérdida al doblar la distancia va a ser de 6 dB.

La directividad vertical de un line array está definida por la ecuación siguiente:

$$R(\alpha) = \frac{sin(\frac{\pi l}{\lambda} sin(\alpha))}{\frac{\pi l}{\lambda} sin(\alpha)} = sinc(\frac{\pi l}{\lambda} sin(\alpha))$$

El ángulo de cobertura de un sistema es el ángulo determinado por una caída de nivel de presión de 6 dB, o sea:

$$\Theta_{-6dB} = 2 \, sin^{-1} \frac{6\lambda}{l}$$

Según esta función, la respuesta vertical de este tipo de dispositivos va a ser cada vez más directiva conforme la frecuencia vaya siendo más alta, siendo a bajas frecuencias casi omnidireccional.

La respuesta horizontal, por el contrario, va a ser casi omnidireccional en cualquier frecuencia.

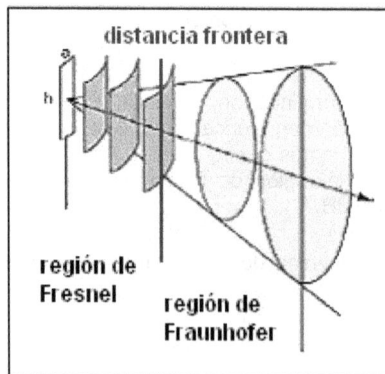

Figura 5.23 Tipo de onda emitida por un array según la región

Teniendo claro los conceptos básicos, se calculan una serie de parámetros importantes que informarán de las posibilidades del arreglo lineal, para así poder darle un adecuado uso y sacarle un máximo rendimiento.

Distancia Frontera

La distancia frontera para un line array se va a definir como:

$$r_{frontera} = \frac{3}{2} H^2 f \sqrt{1 - \frac{1}{(3fH)^2}}$$

Es importante que la distancia frontera sea lo más grande posible, como podemos deducir, esta va a aumentar de forma proporcional a la frecuencia.

Factor de Radiación Activo (ARF)

Se define como

$$ARF = \frac{h}{STEP}$$

Para eliminar la aparición de lóbulos secundarios de gran potencia situados fuera del eje se tiene que cumplir lo siguiente:

$$ARF \geq 0.82 \left[1 + \frac{1}{4.73(N+1)} \right]$$

Esto se traduce en que la superficie radiante del line array debe ser mayor o igual que el 82% de la superficie total del mismo. Como conclusión, se puede decir que a menor distancia de separación entre los centros sonoros adyacentes, mejores serán las prestaciones del sistema.

Frente de onda

El frente de la onda sonora tiene que ser lo más plano posible para que la radiación producida por el line array pueda aproximarse a la producida por una fuente lineal o una fuente rectangular. La curvatura del mismo debe ser menor que $\lambda/4$.

Guía de ondas

Para cumplir con las condiciones anteriores es indispensable que la reproducción de las frecuencias altas de un sistema line array sea realizada por un dispositivo denominado guía de onda.

Aumento angular máximo entre fuentes sonoras

Se debe de determinar un ángulo de curvatura máximo entre dos cajas acústicas adyacentes para que no se produzcan interferencias destructivas entre las respuestas individuales de cada una de ellas. Este ángulo máximo se define como:

$$\alpha_{max} = \frac{STEP}{r_{min}} \frac{STEP_{max}}{STEP} \left[1 - \left(\frac{STEP}{STEP_{max}} \right)^2 \right] = \frac{1}{24\,ARF} \frac{1}{STEP} \left[1 - \left(\frac{STEP}{STEP_{max}} \right)^2 \right]$$

5.2.1 Implementación práctica

Para llevar a cabo la creación de un sistema line array, primero se diseña una caja acústica individual que actúe como prototipo. En base a ésta, se realizan todos los cálculos de diseño para crear el resto de las cajas acústicas definitivas, que junto con el sistema de rigging (colgado) diseñado, van a formar el sistema line array final sobre el que se realicen las medidas de comprobación de su funcionamiento.

Según el estudio teórico realizado y las conclusiones de diseño obtenidas, el sistema line array va a cumplir las siguientes características:

- La distancia de separación entre los frentes sonoros de cajas acústicas adyacentes va a ser la más pequeña posible.

- Se utilizarán altavoces de solamente 5" con una potencia de 175 W, para la reproducción de frecuencias graves y medias.

- Se utilizará una guía onda de diseño optimizado para la reproducción de agudos con un motor de compresión de 1".

- El diseño de la caja acústica va a ser asimétrico, formado por tres altavoces alineados horizontalmente.

- Las cajas acústicas que formen el line array van a ser de dos vías.

5.2.2 Verificación y medida

Después de los debidos cálculos y la implementación del array, se debe realizar una serie de medidas para comprobar que el array funciona correctamente y da los resultados que se esperan de él. Las medidas que se deben realizar se centran principalmente en comprobar los dos parámetros más importantes que hacen de los sistemas line arrays, elementos novedosos y únicos. Es decir, se debe analizar el comportamiento directivo del sistema tanto en horizontal como en vertical.

Como se puede observar en el ejemplo de una medida realizada a un array determinado, la directividad vertical del sistema va haciéndose cada vez mayor a medida que va aumentando la frecuencia, sobre todo a partir de los 1.500 Hz, coincidiendo con el comienzo de trabajo del motor de compresión de agudos. En cuanto a la cobertura horizontal, se puede observar como su cobertura es muy amplia, llegando a alcanzar aproximadamente los 150°. También se aprecia claramente cuándo comienza el motor de compresión a funcionar.

Se puede observar en la figura 5.24 cómo es posible controlar la cobertura vertical de este tipo de dispositivos. Cabe destacar la respuesta de directividad asimétrica, a pesar de ello, se consigue mantener una cobertura horizontal grande.

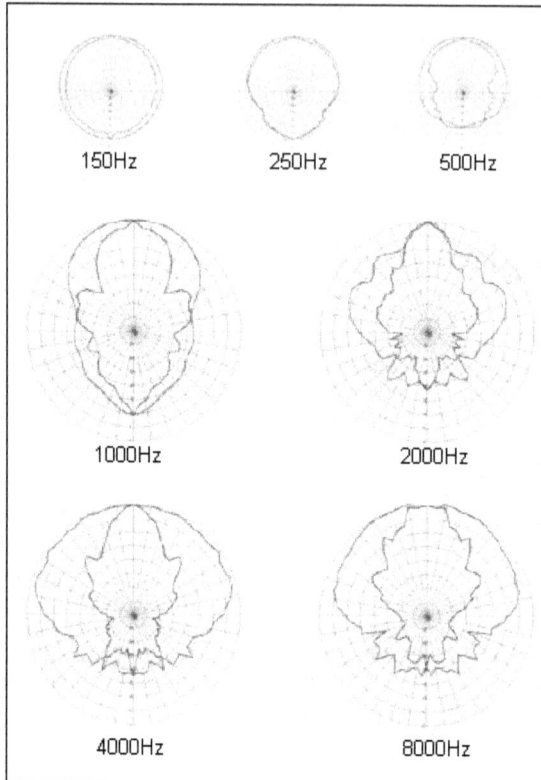

*Figura 5.24 Respuesta polar en 2D en horizontal (color rojo) y en vertical
(color azul) de un line array recto*

También se debe analizar el comportamiento del campo sonoro generado en función de la distancia de audición con respecto a la fuente sonora. Como se puede observar en el ejemplo siguiente, cada vez que se dobla la distancia se van a perder alrededor de 3 dB, sobre todo en altas frecuencia, a partir de 1.000 Hz. Esto coincide con el comportamiento teórico descrito en puntos anteriores, sin embargo, para frecuencias menores podemos observar como la respuesta es bastante irregular y no nos permite determinar con claridad y exactitud la diferencia de nivel entre cada una de las medidas realizadas. Sin embargo, se puede predecir que la pérdida va a ser mayor que 3 dB. Aun así, se mejora en bajas frecuencias el comportamiento de otros sistemas de reproducción sonora anteriores al line array.

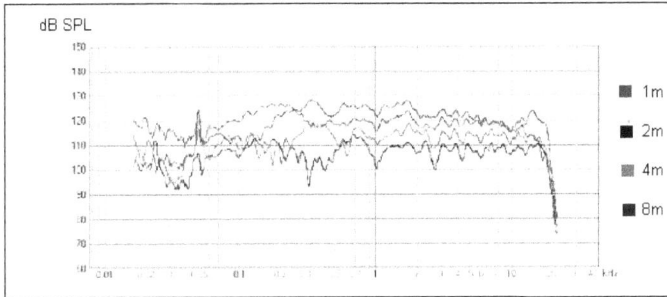

Figura 5.25 Respuesta en frecuencia del nivel de presión sonora a lo largo del eje acústico

5.2.3 Conclusión

La conclusión principal obtenida es que un line array correctamente diseñado va a generar en su conjunto una onda cilíndrica, que va a perder al doblar la distancia, alrededor de 3 ó 4 dB en gran parte del margen de frecuencias útiles. También, por otro lado, se ha demostrado a lo largo de todas las medidas que se han realizado, variando el ángulo de inclinación entre las cajas acústicas, que es posible controlar la cobertura vertical de un sistema formado por un conjunto de cajas acústicas sin que se produzcan fenómenos de interferencia perjudiciales. Por lo tanto, han quedado demostradas prácticamente las dos principales características del comportamiento acústico de un line array.

5.3 CONFIGURACIONES DE ARREGLOS

A pesar de que el desarrollo de tema ha sido basado en el arreglo lineal, no todos los arreglos son lineales. Hay diferentes combinaciones de agrupaciones de altavoces que forman un array. Las diferentes modalidades de arreglo existentes están dotadas de ciertas características, las cuales determinarán la aplicación que se le deba dar, ajustando la configuración del arreglo al espacio que requiere el refuerzo sonoro.

Cualquier tipo de cajas acústicas que se combinen con el fin de mejorar el refuerzo sonoro van a sufrir una interacción entre ellas. Esta interacción es útil dentro de un mismo arreglo si se diseña el arreglo correctamente, pero no interesa que la cobertura de dos arreglos cubra una misma zona produciéndose solapamiento, ya que puede haber cancelaciones no deseadas. Al interaccionar dos cajas acústicas pueden ocurrir tres fenómenos:

- **Acoplamiento ("Coupling"):** ocurre cuando el desajuste de tiempo y de nivel se acerca a 0. En este caso las señales llegan en fase y pueden sumar hasta 6 dB en el nivel de presión sonora. Esto es más fácil de lograr en arreglos de bajas frecuencias donde la longitud de onda es larga. Esta técnica se usa para lograr suma de potencia en arreglos y para estrechar la cobertura.

- **Combinación ("Combining"):** ocurre cuando el desajuste de tiempo es bajo y el de nivel es alto. Para lograr esto, los componentes deben encontrarse muy próximos (de aquí el desajuste de tiempo bajo) pero deben tener un método para obtener un desajuste de nivel alto. Esto se puede lograr utilizando sistemas de cajas acústicas direccionales acomodadas como un punto de origen. Esta técnica es utilizada para ampliar cobertura.

- **Cancelación ("Combing"):** ocurre cuando el desajuste de tiempo es grande pero el de nivel es bajo. Esto ocurre cuando las cajas acústicas se encuentran acomodadas con patrones de cobertura redundantes, tales como arreglos en paralelo. Esto debe evitarse en la medida de lo posible.

Existen siete tipos diferentes básicos de arreglos de cajas acústicas. Cada arreglo tiene diferentes pros y contras, y la mayoría son convenientes para alguna aplicación en particular, y su uso fuera de esta aplicación supondría la pérdida de las características de dicho arreglo, disminuyendo la calidad del sonido. Cuando dos o más cajas acústicas se colocan en proximidad una con otra se clasifican como:

- Arreglos estrechos de punto de origen ("Point-source narrow")

- Arreglos amplios de punto de origen ("Point-source wide")

- Arreglos en paralelo ("Paralell")

- Arreglos de fuego cruzado ("Crossfire")

- Arreglos separados de punto de origen ("Split pointsource")

- Arreglos separados en paralelo ("Split paralell")

- Arreglos separados de punto de destino

5.3.1 Arreglos estrechos de punto de origen ("Point-source narrow")

Disposición de dos cajas acústicas que se encuentran pegadas una a la otra pero no en paralelo sino formando un arco, partiendo cada altavoz de un mismo punto de origen imaginario. Dichos arreglos tienden a aumentar la potencia sobre el eje pero tienen un menor efecto de amplitud en la cobertura del que se puede esperar a diferencia del arreglo con una sola unidad, y puede incluso estrecharlo. Esto puede suponer un estrechamiento del patrón entre los puntos de hasta -6 dB. El punto sobre el eje del arreglo contiene la mayoría del empalme, causando una suma sustancial en la presión sobre el eje, con menos empalme y suma al movernos hacia los extremos.

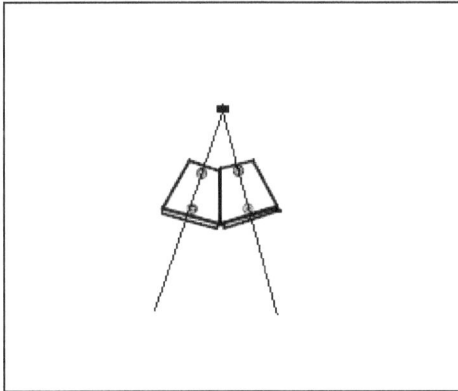

Figura 5.26 Arreglo estrecho de punto de origen

5.3.2 Arreglos amplios de punto de origen ("Point-source wide")

Disposición de dos cajas acústicas formando un arco, sin estar pegadas una a la otra y partiendo cada altavoz de un mismo punto de origen imaginario, formando un ángulo mayor entre los ejes de cada altavoz. Estos arreglos tienden a incrementar la cobertura horizontal pero tienen mínimo efecto para aumentar la potencia sobre el eje más allá de una unidad.

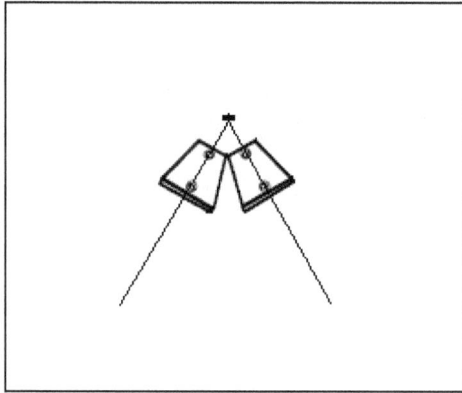

Figura 5.27 Arreglo amplio de punto de origen

5.3.3 Arreglos en paralelo ("Paralell")

Disposición de dos cajas acústicas cuyas caras se sitúan en un plano paralelo. Este tipo de diseño tiene empalme máximo. Sin embargo, mientras el desajuste de tiempo aumenta el desajuste de nivel no aumenta. Esto causa cancelaciones altamente variables. El alinear las cajas acústicas en una fila con orientación horizontal provoca una respuesta de frecuencia desigual sobre el área del público. Mientras dichos arreglos pueden generar grandes cantidades de potencia acústica, en la cobertura se forman grandes cantidades de "comb-filtering", haciéndolo responder pobremente a la ecualización.

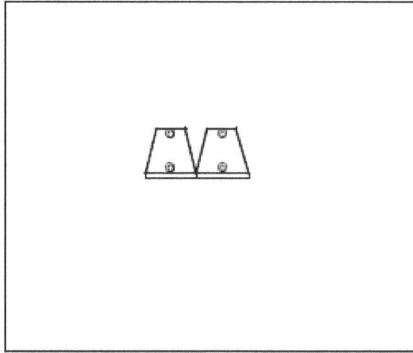

Figura 5.28 Arreglo en paralelo

5.3.4 Arreglos de fuego cruzado ("Crossfire")

Disposición de dos cajas acústicas que se sitúan de manera que los patrones se crucen directamente en frente de la trompeta. Esto conlleva problemas significativamente mayores de interferencia en comparación con el punto de origen y no tiene ventajas sobre de él. Por lo tanto no es recomendable.

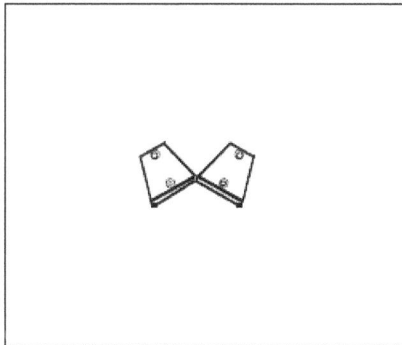

Figura 5.29 Arreglo en fuego cruzado

5.3.5 Arreglos separados de punto de origen ("Split pointsource")

Es una variación de los arreglos de punto de origen pero con una separación entre las cajas acústicas bastante amplia. Es un arreglo alternativo para sistemas de relleno. La profundidad del área de cobertura es mayor que en los arreglos paralelos ya que el ángulo entre las cajas acústicas mantiene el área de empalme relativamente pequeño.

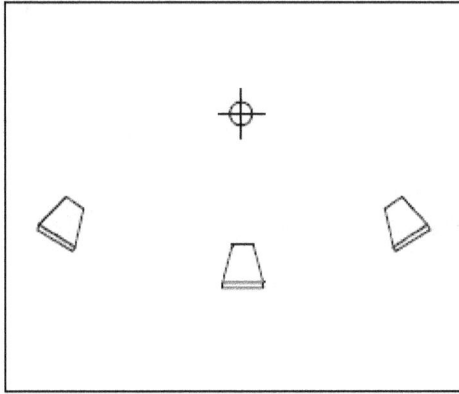

Figura 5.30 Arreglo separado de punto de origen

5.3.6 Arreglos separados en paralelo ("Split paralell")

Disposición de las cajas acústicas de forma que se colocan en paralelo sobre una línea extendida simulando una serie de diferentes fuentes en el rango de frecuencias altas y una sola fuente extendida en la región de bajas frecuencias. Son utilizados comúnmente para sistemas de cobertura de relleno ("fill"). Este tipo de arreglo trabaja mejor si la profundidad de cobertura es pequeña, permitiendo una distribución de nivel suave sobre un área mayor.

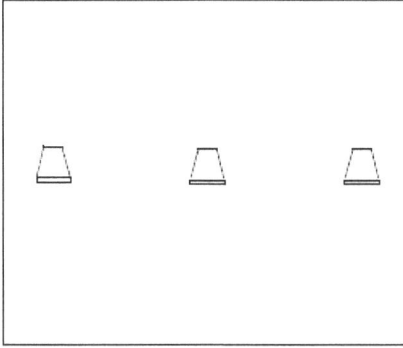

Figura 5.31 Arreglo separado en paralelo

5.3.7 Arreglos separados de punto de destino

Disposición de cajas acústicas separadas una distancia notable y cuyos patrones apuntan de forma que se cruzan en un determinado punto de destino. Debe de tomarse mucha precaución al diseñar estos arreglos en su sistema. Este tipo de arreglo tiene áreas extremadamente grandes de empalme y tiene una atenuación axial muy pequeña, resultando en un combing en todo el rango.

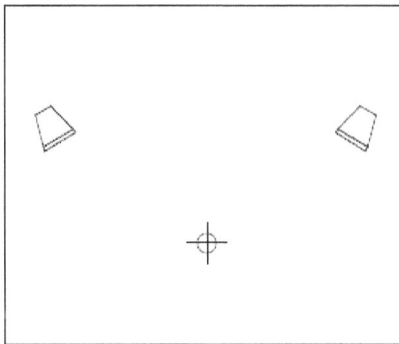

Figura 5.32 Arreglo separado de punto de destino

5.4 EJEMPLOS

5.4.1 FALCON-8 de MUSICSON

Las características principales del sistema FALCON-8 son:

- Diseño asimétrico de la caja para un más efectivo diseño de cada una de las vías del sistema.

- Diseño en dos vías activas autoamplificadas por tres etapas de potencia independientes.

- Diseño bass-reflex con dos 8" de iguales características para la reproducción de frecuencias graves para extender su respuesta en frecuencia. Sus especificaciones técnicas son:

    o Respuesta en frecuencia (-6 dB): 65-1750 Hz (selector full-range) y 100-1750 Hz (selector high)

    o Impedancia: 4 Ω (2 altavoces de 8" y 8 Ω en paralelo)

    o Potencia: 400 Wrms; 1600 W pico

    o Sensibilidad: 100 dB (1 W / 1 m)

- Reproducción de frecuencias agudas mediante 2 motores de compresión de 1" de boca de neodimio dispuesto en posición vertical sobre un difusor de 90 grados de dispersión horizontal. Sus especificaciones técnicas son:

    o Respuesta en frecuencia (-6 dB): 1750-19500 Hz

    o Impedancia: 4 Ω (2 motores de 8 Ω en paralelo)

    o Potencia: 100 Wrms; 400 W pico

    o Sensibilidad: 109 dB (1 W / 1 m)

- Su respuesta en frecuencia con el conmutador seleccionado en todo rango es:

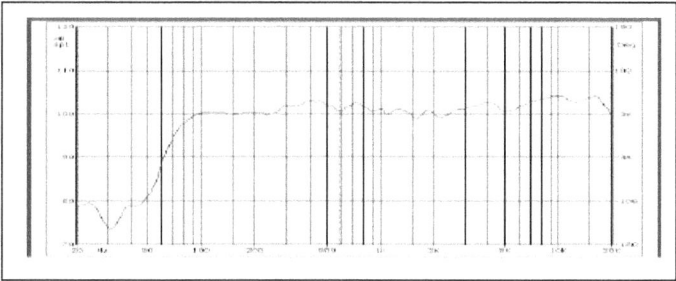

Figura 5.33

- Su respuesta en frecuencia con el conmutador seleccionado en high es:

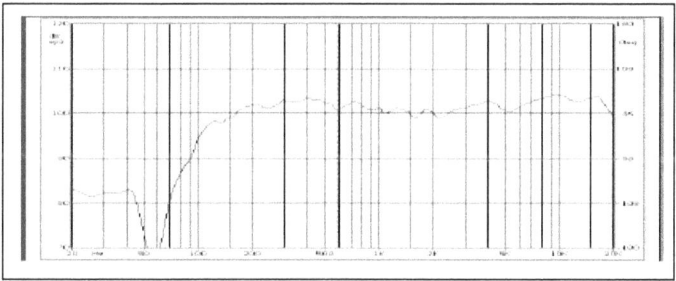

Figura 5.34

- Su respuesta polar es:

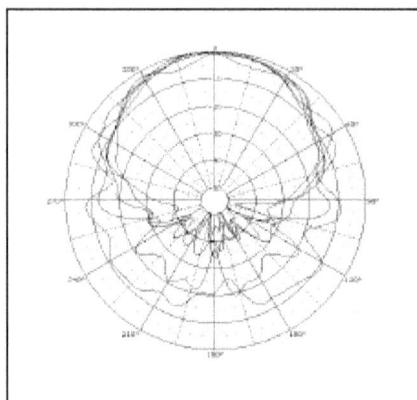

Figura 5.35

- Sus especificaciones técnicas en total:

  o   Respuesta en frecuencia: 65-19500 Hz (full-range) y 100-19500 Hz (high)

  o   Cobertura horizontal: 90° (-6 dB) y 110°(-10 dB)

  o   Potencia: 500 Wrms; 1000 W pico

  o   Máximo SPL: 126 dB continuo y 132 dB pico

  o   Cobertura vertical: dependiente de la configuración del array

La sección electrónica posee las siguientes características:

- **Fuente de alimentación:** la fuente de alimentación se encuentra en un chasis separado e independiente del resto de la electrónica. Toda la circuitería de la que consta la fuente de alimentación se encuentra apantallada con el objeto de que sea inmune a los ruidos introducidos en la red de 220 V por cualquier otro aparato conectado a ella. Teniendo en cuenta que es la parte encargada de alimentar el resto de la electrónica, todos sus elementos se encuentran sobredimensionados para que el rendimiento del sistema sea siempre óptimo.

- **Circuito previo:** es la parte de la electrónica encargada de filtrar la señal de entrada y enviar a cada etapa de potencia el margen de frecuencias adecuando para cada vía. Además, en esta parte, se realiza el control de potencia de la salida máxima que alimentarán a los altavoces e impedirán que se deterioren. Los componentes del circuito previo han sido cuidadosamente elegidos por los ingenieros de Musicson atendiendo a unas especificaciones muy exigentes en cuanto a la relación señal/ruido, distorsión, margen dinámico, etc. para obtener una máxima fidelidad en la señal entregada a los altavoces de cada vía. Los filtros empleados son todos ellos de tipo LINKWITH-RILEY de 24 dB por octava. Dispone además de varios pasos de linealización de la respuesta de fase mínima así como controles de fase para los cruces en la vía de agudos.

- **Etapas de potencia:** dispone de dos etapas de potencia para amplificar las dos vías de las que consta el FALCON-8. Todas ellas son capaces de aportar un mínimo de un 20% más de potencia de lo que están controladas. Disponen de protección contra sobrecalentamientos y tienen un sistema de refrigeración forzada mediante ventilador que se acciona automáticamente cuando el radiador alcanza una temperatura concreta.

Figura 5.36 Fotografía de un falcon-8 de Musicson

5.4.2 AERO-48 de DAS

El sistema AERO-48 es una unidad de line array de alta eficiencia, en la cual se integran los componentes de baja, medias y altas frecuencias en el mismo recinto. Resistente, de fácil transporte y colgado, es aplicable en situaciones en las que se precisen elevados niveles de presión sonora y control de la cobertura vertical.

El sistema AERO-48 es idóneo para grandes eventos al aire libre, así como refuerzo de sonido en grandes teatros, auditorios, palacios de congresos y exposiciones. Puede combinarse con el sistema de subgraves AERO-218 para cubrir la banda de frecuencias entre 28-83 Hz aumentando el nivel de presión en esa banda de frecuencias.

Es un sistema de tres vías que incluye dos altavoces de 15" (bobina de 4" de diámetro) para la reproducción de bajas frecuencias, 4 altavoces de 8" (bobina de 2,5" de diámetro) para la reproducción de frecuencias medias y dos motores de compresión con bobina de 3" y salida de 1,5" acoplados a dos generadores de onda plana, SERPIS de DAS Audio, para la frecuencias agudas. Todos los altavoces incorporan núcleos magnéticos de neodimio para mejorar la transportabilidad del sistema, además de un sofisticado sistema de refrigeración T.A.F. que permite un mayor aguante de potencia.

Recinto trapezoidal de 5°, construido con tablero fenólico multicapa de abedul finlandés; incorpora los herrajes de acero para la instalación y colgado del sistema (ángulos de 0° a 9,6° en incrementos de 1,6°). Además, para facilitar manejo y transporte está dotado con 10 asas integradas y una tapa frontal con ruedas. El sistema AERO-48 se extiende desde 45 Hz hasta los 18 KHz (±3 dB) con una cobertura horizontal de 90° (-6 dB) entre 250 Hz-18 KHz, con un nivel de presión sonora de pico de 141 dB 1 W / 1 m.

Las especificaciones técnicas son:

- Rango de frecuencia (±3 dB): 45 Hz-18 KHz

- Cobertura horizontal (-6 dB): 90° nominal

- Cobertura vertical (-6 dB): dependiente del ángulo entre cajas

- Sensibilidad en el eje 1 W / 1 m: LF: 99 dB MF: 104 dB HF: 112 dB

- SPL nominal de pico máximo a 1m: LF: 137 dB MF: 139dB HF: 141dB

- Procesador recomendado: procesador digital de DAS DSP-3VS. No emplear el controlador DSP-3VS con el sistema AERO-48 puede provocar mala calidad de sonido y daños en los altavoces.

- Altavoces:

    o Bajas frecuencias: 2x15" modelo 15GN, 4" bobina

        ▪ Impedancia nominal/potencia: 2x8Ω/2x600Wrms

    o Frecuencias medias: 4x8" modelo 8MN, 2,5"voice coil

        ▪ Impedancia nominal/potencia: 8Ω/700Wrms

    o Frecuencias altas: 2xM-10N, 3"voice coil

        ▪ Impedancia nominal/potencia: 16Ω/300Wrms

- Amplificación recomendada 2XAERO-48 conexión en paralelo

    o LF1 1000/1400W 4Ω LF2 1100/1400W 4Ω

    o MF 1000/1400W 4Ω HF 600/800W 4Ω

Figura 5.37 Fotografía de un Aero-48 de DAS audio

Capítulo 6

SOFTWARE PARA SONORIZACIÓN
....

En la actualidad, y gracias a los grandes avances en tecnología informática, el software para ordenadores ha conseguido sustituir, e incluso mejorar, muchos de los dispositivos empleados en un sistema de refuerzo sonoro. Con un pequeño ordenador portátil y el programa adecuado se puede controlar y modificar fácilmente muchos parámetros del sistema de sonido, desde subir el volumen de un micrófono determinado hasta cambiar la ecualización de un altavoz cualquiera. Todo ello, con un gran ahorro de espacio, tiempo y dinero. Estos avances no se han quedado sólo en el control de un sistema de sonorización. Existen otras aplicaciones muy útiles para un técnico de sonido que aportan una gran cantidad de datos que ayudarán a éste a mejorar su sistema.

Una de las aplicaciones más importantes para cualquier técnico son los programas para la medición y el ajuste de equipos. Estos programas permiten recopilar y visualizar información importante sobre el comportamiento de cualquier dispositivo, como por ejemplo, obtener el espectrograma (contenido en frecuencias) del sonido en un determinado punto o la respuesta en frecuencias de un micrófono.

También existen otras aplicaciones llamadas de predicción acústica. Estos programas han sido diseñados para la simulación de un determinado sistema en un determinado recinto. Su uso es más complejo y requiere ciertos conocimientos, ya que el recinto y el sistema son diseñados por el usuario. Esta gran variedad de software supone una gran amplitud de trabajo, ya que con ellos se podrá modificar cualquier parámetro, desde la posición de un altavoz hasta su respuesta en frecuencias por ejemplo. Una vez diseñado, se puede visualizar la distribución del sonido a lo largo de la sala (mapa acústico) entre otras muchas opciones.

6.1 PROGRAMAS DE MEDIDA Y AJUSTE DE EQUIPOS

En la actualidad no se realiza ningún evento de tamaño medio o grande que no incluya el uso de programas de medición acústica para el ajuste correcto del sistema de PA. Hay que tener en cuenta que todos los programas de mediciones acústicas no son iguales y no se utilizan de la misma manera. Cada empresa que diseña software de audio ofrece una serie de aplicaciones diferentes y unos requisitos diferentes. Aún así, se intentará dar a conocer, de forma general, el funcionamiento de los programas de medición acústica, para a posteriori dar algunos ejemplos de los más utilizados. Para la realización de una medida a través de software es necesario disponer de:

- Ordenador PC con Windows ó Apple Macintosh con OSX.

- Software de medición.

- Tarjeta de sonido externa USB, FIREWIRE, PCMCIA, PC-EXPRESS.

- Micrófono de medición.

El ordenador, evidentemente por razones prácticas, preferiblemente portátil y en principio tampoco tiene que ser el más potente del mercado. La tarjeta de sonido, en cuanto a su conectividad con el ordenador es preferible que sea una tarjeta con dos entradas y dos salidas vía USB. Las entradas de la tarjeta deberán ser, al menos una de ella, en formato XLR para conectar el micrófono de medición además de su alimentación phantom correspondiente. La segunda entrada puede ser XLR o jack, preferentemente en línea, y deberá tener sus respectivos potenciómetros de ganancia; también sería aconsejable tener dos salidas de audio de línea.

Mencionar algunos modelos de tarjetas con los requisitos mínimos para poder funcionar: Tascam US122, Edirol UA25, Digidesign Mbox, Digigram VX pocket.

En cuanto a los micrófonos de medición deberán ser, como es normal, omnidireccionales, de condensador y con una respuesta de frecuencia plana. En principio cualquiera que cumpla estos requisitos nos sirve. Al igual que en el caso de las tarjetas, existen una serie de micrófono de uso común para estas aplicaciones de distintos precios: Bruel & Kjaer 4007, DBX RTA, Audix TR40, Behringer ECM8000.

Para las tareas de medición de funciones de transferencia, impulso y SPL, los micrófonos más económicos son suficientes, eso sí, todos los micrófonos deben ser omnidireccionales, aunque tampoco tanto cuando se supera la zona de 5 ó 6 KHz. También es importante destacar que un buen micrófono de medida tendrá una mejor y más fiable resolución de la medida de la respuesta en altas frecuencias que en bajas.

Todo este material no serviría de nada sin un buen programa de medición, para ello se enumeran los principales programas empleados:

- SMAART LIVE (PC y MAC)

- SPECTRALAB(PC)

- SPECTRAFOO (MAC)

- MAC FOH(MAC)

6.1.1 SPECTRALAB

Este programa es el menos empleado por los técnicos entre los cuatro que se detallan, aunque es el más usado en laboratorio de electrónica y audio. Su interfaz de usuario en la última versión se ha modernizado bastante.

Sus principales funciones son:

- Respuesta de impulso

- RT60

- Burst

- RTA

- Espectro

- Diagrama polar

- Importación y exportación de archivos wav

- Espectrograma y sonograma

- Función de transferencia

- Osciloscopio

- FFT

- Generador de señales

- Grabación de señales de audio

- Medición de diafonía

- Medidor de Fase e imagen estéreo

- Análisis de respuesta waterfall en 3D

- Análisis de transitorios

El uso de este programa es relativamente fácil, aunque la configuración de parámetros está hecha para personas con un nivel mínimo o medio de conocimientos teóricos en acústica y electrónica. Su uso en directo es más engorroso que los otros tres, ya que tiene menos funciones directas.

6.1.2 SPECTRAFOO

Este es el programa más veterano en Mac, pues la marca a la que pertenece, METRIC HALO, es de muy alta calidad, prestigiosa y conocida por su alto nivel en hardware y software para sonido.

Sus principales funciones son:

- Respuesta de impulso

- Medidor de bits

- Generador de señales

- FFT

- Función de transferencia

- Grabación de señales de audio

- Spectrograma

- Fase Lissajous

- Resumen de SPL

- Envolvente

- Osciloscopio

- Código de tiempos

- Resumen de niveles de pico y RMS

- Phase torch de los dos canales

- RTA

- Espectro

Este programa de medición para Mac es el más veterano que existe en esta plataforma, tiene muchísimas funciones y todas sus ventanas pueden aparecer en pantalla a la vez. Es muy práctico de usar, muy útil en estudio, pero en su última versión lo es también para directo.

6.1.3 MAC FOH

Este programa se está imponiendo a una velocidad tremenda en el mundo de los usuarios de Mac para aplicaciones en directo, y es el programa que más usan muchos de los técnicos de sonido en el mundo junto al SMAART LIVE.

Este software está pensado desde el principio para giras y eventos en directo, la calidad de las gráficas es impresionante. Está pensado por y para técnicos de sonido directo.

Sus principales funciones son:

- Compatibilidad con módulos de plugins

- RTA

- Espectro

- Respuesta de impulso

- Función de transferencia

- Controlador de procesadores digitales de altavoces

- Control Midi

- Controlador DMX

- Grabación, edición de CD y DVD

- Control WLAN

- Análisis simultáneo de varias señales entrantes mediante tarjeta de sonido

Las funciones y características de este programa no cesan de actualizarse y cada vez encontramos más módulos y plug-in. Sin duda, es el más completo de todos. Es el más práctico y rápido de los que se detallan en este apartado y su uso es fácil y claro.

6.1.4 SMAART LIVE

Este programa nació de la mente de un ingeniero de Meyer Sound que se marchó a JBL e intentó crear una versión software del SIM, que era en aquel momento el hardware más potente jamás creado para análisis de audio en aplicaciones de sonido directo. Tras JBL, estuvo un tiempo en EAW hasta que Mackie compró esta última.

Sus principales funciones son:

- Función de transferencia

- Respuesta de impulso

- RTA

- Espectro

- Resumen de niveles SPL

- Espectrograma

- Noise criteria

- RT60

- Controlador de procesadores digitales de altavoces

- Medidor de SPL

- Generadores de señales

6.1.5 Procedimiento de medición y ajuste de un equipo

A continuación se puede observar en la figura 6.1 el conexionado correcto para realizar una función de transferencia de un equipo. En una de las entradas de la tarjeta de audio se conecta el micrófono de medición, con su alimentación phantom activada. Éste procurará la señal de medida. En la otra entrada estará la señal de referencia. Esta señal es un ruido rosa que suele generarse desde el mismo programa y será la señal que se envíe al amplificador para ser reproducida por el altavoz. Esta misma señal se conecta también a la entrada antes de pasar por el amplificador. De esta forma ya se esta listo para comparar la señal de referencia con respecto a la medición.

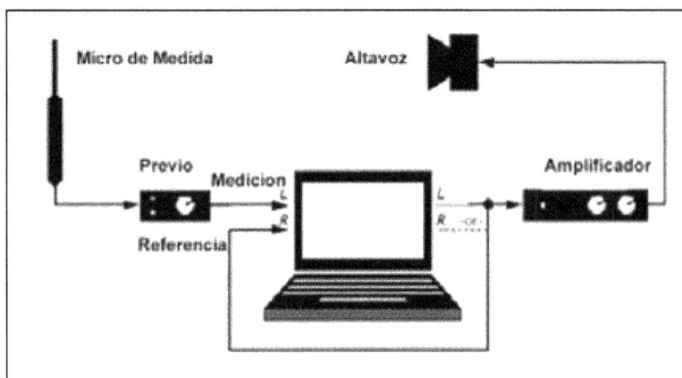

Figura 6.1 Conexionado para realizar medidas

Una vez realizado el conexionado de forma correcta, es importante realizar una serie de pasos para así ajustar bien nuestro sistema de audio. Los pasos a seguir son los siguientes:

1. Colocar el micrófono de medición a la distancia para la que se desea realizar el ajuste del equipo.

2. Enviar señal de audio al sistema de rango completo únicamente.

3. Observar la diferencia de tiempo entre la señal en el canal de referencia y en el de medición mediante nuestro programa y después insertar el valor indicado.

4. Ir a la ventana de nuestro programa donde se visualiza la función de transferencia. Ésta debe mostrar la gráfica de respuesta de frecuencia y la gráfica de respuesta de fase.

5. Hacer constar esta información en una memoria.

6. Observar la gráfica de respuesta de fase en la región de bajas frecuencias (por ejemplo, desde 50 Hz hasta 150 Hz), que será una pendiente que desciende a medida que las frecuencias son más bajas. Dicha pendiente es el tiempo de retraso por frecuencia producido por:

    o El comportamiento del altavoz.

    o Diseño del Bafle.

    o Los filtros HPF y LPF utilizados. Frecuencia de Corte y orden del filtro (dB /octava).

    o Posición interna de cada altavoz dentro del bafle.

7. Desactivar el sistema en rango completo y activar el subgrave.

8. Comparar las gráficas de respuesta de fase del subgrave con la gráfica del de rango completo. La respuesta de fase que tenga menor pendiente en la zona de crossover deberá retrasarse para lograr que la pendiente sea igual en dicho rango de frecuencias. Cuando las pendientes de fase sean iguales en la zona de crossover se tendrá el mismo tiempo "por frecuencia". Por lo tanto, las tres únicas posibilidades son:

    a. Que ambas respuestas de fase sean iguales y estén solapadas, todo correcto.

    b. Que la pendiente de la gráfica de respuesta de fase del subgrave sea menos pronunciada que la pendiente de la respuesta de fase del de rango completo (o sea, que el subgrave está adelantado con respecto al rango completo). Entonces se deberá usar cualquiera de las siguientes 3 opciones:

    i. Añadir retraso (delay) en el subgrave para aumentar la pendiente de fase.

    ii. Aumentar la pendiente del LPF del subgrave, de esta manera se aumenta el tiempo de retraso.

    iii. Desplazar físicamente hacia atrás el altavoz de subgraves para aumentar la pendiente de fase. En caso necesario se puede combinar las opciones anteriores para igualar la pendiente de fase del subgrave con la memoria del de rango completo.

c. Que la pendiente de la respuesta de fase del subgrave sea más pronunciada que la pendiente de fase del sistema en rango completo (o sea, que el subgrave está retrasado con respecto al rango completo). Entonces se deberá usar cualquiera de las siguientes 3 opciones:

    i. Reducir la pendiente del LPF del subgrave. De esta manera se reduce el tiempo de retraso.

    ii. Desplazar físicamente el subgrave hacia delante para aumentar la pendiente de fase.

    iii. En caso necesario se pueden combinar las opciones anteriores para igualar la pendiente de fase del subgrave con la memoria del de rango completo.

9. Activar de manera simultánea el subgrave y el rango completo. Si todo se ha hecho correctamente, la zona solapada de crossover debe "sumar". Para verificar esto, se puede invertir la polaridad actual de los subgraves, y al hacerlo, la zona de crossover deberá cancelarse. La polaridad correcta es donde se produzca la suma entre el subgrave y el rango completo y no cancelación.

6.2 PROGRAMAS DE PREDICCIÓN ACÚSTICA

Hoy día existen numerosos programas de ordenador capaces de realizar predicciones de la acústica de un recinto pero los más conocidos son EASE que distribuye Renkus Heinz (www.renkus-heinz.com) y ODEON (www.odeon.dk) distribuido por Brüel & Kjær (www.bksv.com), aunque se puede mencionar algunos otros como CATT Acoustic, Bose Modeler, Epidaure...

Estos programas necesitan ciertos conocimientos en física y acústica para aprovechar al máximo su funcionamiento. Permiten visualizar, y en algunos casos oír, simulaciones acústicas de un determinado equipo de sonido en cualquier recinto. Hay que saber que, para realizar simulaciones, los datos que se tendrán que introducir en el programa deberán ser los más numerosos posible, para obtener resultados lo más cercanos a la realidad. De ahí, la complejidad de la simulación, ya que se debe conocer todas las dimensiones del recinto, así como el de los obstáculos existentes en él. También los materiales de los que están formados las paredes y los objetos más grandes del recinto y su forma, para tener en cuenta su coeficiente de absorción.

A continuación se muestran algunos ejemplos de programas de predicción acústica. En la figura 6.2 se puede ver un plano de un recinto en el EASE. En las figura 6.3 se ve una predicción acústica del recinto anterior. Los colores representan los niveles de presión sonora. En la figura 6.4 se observa una de las pantallas del EASE focus en la que se puede ver un array lineal y su mapa de presión sonora en colores y una gráfica con la variación de ciertos niveles de presión sonora según la distancia.

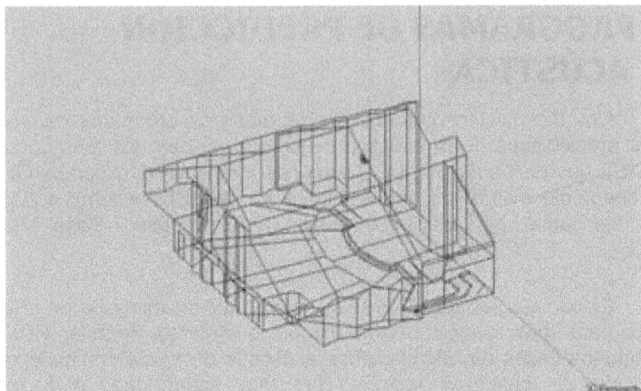

Figura 6.2 Plano DXF importado a EASE

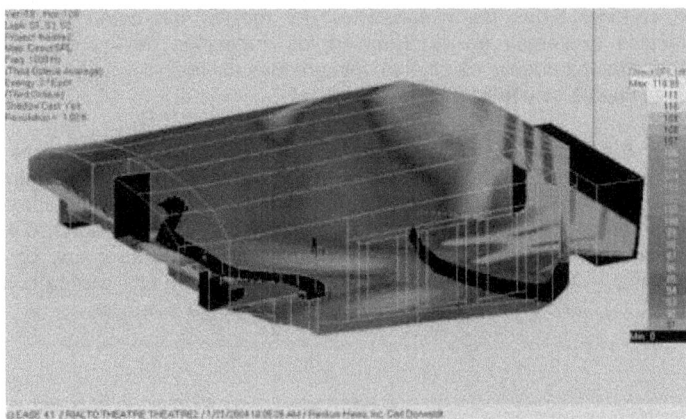

Figura 6.3 Predicción acústica realizada en EASE

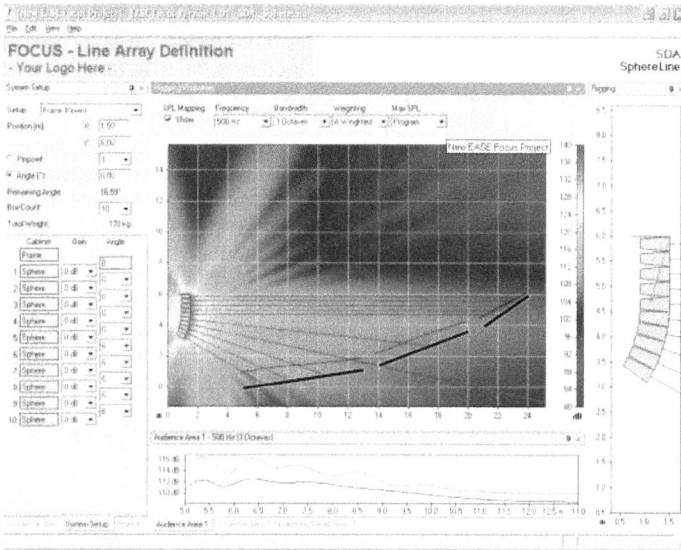

Figura 6.4 Programa EASE Focus

Es muy importante en el mundo del sonido conocer el programa EASE ya que es uno de los más conocidos, aunque este tipo de programa no sea lo más práctico en el día a día de una sonorización, por su complejidad y la falta de tiempo que tienen los técnicos involucrados en las giras.

Cuando la mayoría de programas profesionales de simulación describen los fenómenos naturales de propagación acústica, EASE se orienta más a la adaptación de un sistema de sonido en función de las propiedades acústicas de un recinto cualquiera. Gracias a una base de datos de características de cajas acústicas de la mayoría de fabricantes del mercado, el usuario tiene acceso a la mayoría de los sistemas de difusión. La información de cada caja acústica es la respuesta de frecuencia, nivel relativo, directividad, sensibilidad, impedancia, potencia máxima.

El funcionamiento del programa es en Windows. Desde el primer momento en el programa se observan las funciones básicas de cualquier programa de simulación acústica, aunque los sub-menús sí que necesitan el estudio del manual de usuario.

Para simular un recinto, el procedimiento es bastante rápido y bastarán unos minutos para introducir cien superficies. Existen funciones automáticas de simetrías y unión de las superficies, aunque también está la posibilidad de importación de planos de archivos DXF (AUTOCAD). Los algoritmos empleados se efectúan por la propagación de ondas esféricas. Un conjunto de rayos simula las reflexiones por las fuentes de imagen; es un cálculo puramente geométrico. El principal inconveniente de este tipo de simulación es el tiempo de cálculo que, en ocasiones y dependiendo de la complejidad, se excede bastante. En cuanto a los criterios acústicos, el primero sería el tiempo de reverberación RT60, que se puede calcular por el método de Shroeder, que es más preciso que el método de Sabine. Existe una función que propone al usuario el empleo de determinados materiales en función del tiempo de reverberación deseado. Se puede determinar las reflexiones no deseadas y el lugar exacto donde situar los paneles absorbentes. Existe también la posibilidad de aplicar tiempo de delay inicial (ITD), lo que permite ajustar tiempos de retardo. Los niveles SPL se muestran de diferentes colores y las interferencias constructivas y destructivas tienen en cuenta la fase.

EASE evalúa criterios de inteligibilidad C7, C50 y C80 que corresponden a la distancia crítica europea. C7 es la relación entre la energía contenida en los primeros 7 mseg y la energía medida en el intervalo que va de 7 mseg hasta infinito, C50 que es con 50 mseg, definido como el índice de inteligibilidad Alcons, y por último C80 donde el tiempo es de 80 mseg.

ÍNDICE ALFABÉTICO

T

V

BIBLIOGRAFÍA Y WEBS
●●●

Live Sound Mixing Duncan R. Fry 1992

The Sound Reinforcement Handbook Gary Davis & Ralph Jones. Yamaha 1990

Ingeniería de Sistemas Acústicos Carolyn Davis. Edit Marcombo Boixareu Editores 1983

Acoustical Engineering Dr. Harry F. Olson 1947

Comportamiento de un sistema de sonorización tipo "Line Array" Asensio Rodríguez Ramírez, Juan Miguel Navarro Ruiz. Universidad Católica de Murcia 2006

The Magic of a Line-array Explained Jouke Severs, Frank Zaayer, Jan Slooter. Sound Proyects 2004

Estudio de las características acústicas en espacios abiertos con refuerzo electroacústico A. Pérez García, M.A. Martín Bravo, J.A. Alonso Tuda. Universidad de Valladolid

Referencias de Diseño de Meyer Sound Bob McCarthy. Meyer Sound 1998

Electroacústica Básica y Refuerzo Sonoro d&b audiotechnick

Reinventando las Reglas para Hacer una Sonorización Tecnare Soun Systems

Manual de usuario Line-array Falcon-8

Manual de usuario Aero-48 de DAS

http://www.lenardaudio.com/

http://www.doctorproaudio.com/

http://www.ispmusica.com/

http://www.sea-acustica.es/

http://www.audioenlinea.com/

http://www.jbl.com/

http://www.dasaudio.com/

http://www.meyersound.es/

http://www.produccionaudio.com/

http://www.sonido-zero.com/

http://www.pa-light.com/

http://personal.redestb.es/azpiroz/curso2.htm

http://www.cybercollege.com/span/tvp038.htm

http://www.estudiomarhea.net/manual%20c08.htm

www.ingramcontent.com/pod-product-compliance
Lightning Source LLC
Chambersburg PA
CBHW070309200326
41518CB00010B/1943